高等职业教育系列教材

自动化样本制备系统安装与调试

王伟东　主　编

中国建筑工业出版社

图书在版编目（CIP）数据

自动化样本制备系统安装与调试 / 王伟东主编.
北京 ： 中国建筑工业出版社， 2024. 7. --（高等职业
教育系列教材）. -- ISBN 978-7-112-30066-2

Ⅰ. TH77

中国国家版本馆 CIP 数据核字第 2024FA2025 号

自动化样本制备系统是高通量测序样本制备的自动处理设备，搭载多通道移液器，通过自动化流程设计可对高通量测序建库流程及实验室液体处理流程采用自动化操作，实现长时间无人值守并且提升高通量测序效率。本书以培养应用型人才为目标，采用理论与实践相结合的方式编写而成，全书共分 5 个章节，内容涵盖了基因相关理论知识、自动化样本制备系统组成及功能、安装前准备工作、自动化样本制备系统安装与调试、自动化样本制备系统使用及运行等。

本书可作为高等职业教育医疗器械类、机电技术类、生物医药类等相关专业的教材使用，同时也可作为科研院所、企业技术人员的参考用书。

为了便于本课程教学，作者自制免费课件资源，索取方式为：1. 邮箱：jckj@cabp. com. cn；2. 电话：（010） 58337285。

责任编辑：赵云波
责任校对：姜小莲

高等职业教育系列教材
自动化样本制备系统安装与调试
王伟东　主　编

*

中国建筑工业出版社出版、发行(北京海淀三里河路 9 号)
各地新华书店、建筑书店经销
北京鸿文瀚海文化传媒有限公司制版
建工社（河北）印刷有限公司印刷

*

开本：787 毫米×1092 毫米　1/16　印张：7½　字数：187 千字
2024 年 10 月第一版　　2024 年 10 月第一次印刷
定价：**34. 00** 元（赠教师课件）
ISBN 978-7-112-30066-2
（43169）

丛书编委会

本书编委会

主　编　王伟东

副主编　赵四化

参　编　何善印　崔奉良　丁晓聪　肖　波　邰警锋
崔晓钢

主　审　熊　伟

前　言

高通量测序技术的应用日益广泛，实验室对于大规模、高效率、高稳定的实验操作需求也越来越迫切，相比于人工操作，自动化工作站的方案在多个方面均有明显优势。自动化样本制备系统是专注于高通量测序领域的自动化工作站，搭载多通道移液器，采用自动化的实验流程设计，可实现对样本进行自动加样处理，包括核酸提取、核酸纯化、文库构建等步骤，省去了人工实验的繁琐重复操作，提高了样本制备的稳定性、降低总成本，提升高通量测序实验室的工作效率。

目前，市场上有多种品牌的自动化样本制备系统，可满足不同的应用场景需求。本书重点介绍了自动化样本制备系统相关的理论知识，并以深圳华大智造科技股份有限公司自主研发的 MGISP-100 为具体实例，重点讲述了基因相关理论知识、自动化样本制备系统组成及功能、安装前准备工作、自动化样本制备系统安装与调试、自动化样本制备系统使用及运行等，附录给出了 Qubit 测量 dsDNA 浓度操作指南、常见生化仪器的使用及注意事项、测序专有名词中英文对照、名词解释。

本书课题来源于深圳技师学院与深圳华大智造科技股份有限公司校企联合完成的“广东省产业就业培训基地（深圳·生物医药与健康产业基地）”项目。深圳技师学院、深圳华大智造科技股份有限公司、广东食品药品职业学院共同参与了本书的编写。

本书由深圳技师学院王伟东担任主编，赵四化担任副主编，深圳华大智造科技股份有限公司熊伟担任主审。丁晓聪、何善印编写了第 1 章，赵四化、崔奉良、肖波编写了第 2～3 章，王伟东、郃警锋、崔晓钢编写了第 4～5 章，全书由王伟东统稿。

本书在编写过程中参考和借鉴了深圳华大智造科技股份有限公司大量资料和国内外相关书籍，在此向各位作者表示感谢。

由于编者水平有限，书中难免存在疏漏之处，敬请广大读者批评指正。

目　录

第1章 基因相关理论知识

本章教学目标

1. 了解核酸的发现和研究简史。
2. 了解DNA和RNA的结构及功能。
3. 掌握DNA分子双螺旋结构模型的依据和生物学意义。
4. 了解核酸的主要分离、分析方法。
5. 了解核酸的核苷酸序列测定方法。
6. 了解文库的种类。
7. 熟悉文库构建的流程。

1.1 核酸

1.1.1 核酸的概述

核酸、蛋白质、糖类和脂类是生物体内具有重要功能的生物大分子。核酸是生物遗传的物质基础，广泛存在于所有的动植物细胞、微生物体内，各种生物的生长、繁殖、遗传、变异以及体现生命代谢的模式等特征都是由核酸决定的，核酸的研究对最终揭示生命现象是非常重要的。天然存在的核酸有两大类，分别是核糖核酸（Ribonucleic acid，RNA）和脱氧核糖核酸（Deoxyribonucleic acid，DNA），其中DNA主要分布于细胞核内，少量分布在细胞核外，如线粒体、质粒等，DNA是存储、复制和传递遗传信息的主要物质基础，决定细胞核个体的基因型。RNA绝大部分分布在细胞质，少部分分布在细胞核，RNA在蛋白质合成过程中起着重要作用，也是某些病毒的遗传信息载体。

核酸这一名词是由R. Altmann提出的，R. Altmann于1889年发现了从酵母和动物组织中制备核酸的方法。1894年，A. Kossel和A. Neuman报道了一种从胸腺中制备核酸的方法。A. Kossel 等人还鉴定了核酸中的大部分碱基，其在核酸领域的研究成果获得了1910年诺贝尔医学奖。1939年，E. Knapp 等人第一次用实验证实核酸是遗传的物质基础。核酸的基本组成单位是核苷酸，而一个核苷酸分子又可以进一步水解为一分子含氮碱基、一分子五碳糖和一分子磷酸。20世纪50年代初，E. Chargaff 用纸层析技术对多种不同生物的 DNA 分子的碱基组成进行了定量分析。由此得到了两个重要的结论：(1) 几乎所有生物 DNA 的腺嘌呤和胸腺嘧啶的摩尔数相等，鸟嘌呤和胞嘧啶的摩尔数相等。因此，嘌呤碱基的总摩尔数与嘧啶碱基的总摩尔数相等，即 A+G=T+C，这称为碱基当量定律。(2) 对于不同生物品种的 DNA 分子，其碱基组成存在差异，具有种属特异性。

1.1.2 核酸的化学组成

核酸是由许多个核苷酸连接而成的生物大分子，每个核苷酸由 C、H、O、N、P 五种元素组成，其中 P 的含量比较稳定，以磷酸分子的形式作为基本成分存在于核酸分子中，占比 9%～10%。磷含量的相对恒定是实验室进行核酸定量测定的理论基础，通过测定样品中磷的含量即可算出核酸的含量。

1.1.3 核酸的结构与功能

1.1.3.1 核酸的基本组成单位——核苷酸

核苷酸（Nucleotide）是核酸的基本组成单位。核酸在酸、碱或酶作用下水解可得到核苷酸，核苷酸可进一步水解产生核苷（Nucleoside）和磷酸（Phosphate），核苷再进一步水解得到戊糖（Pentose）和含氮碱基（Base）。碱基又可分为嘌呤碱（Purine）和嘧啶碱（Pyrimidine）两大类，如图 1-1 所示。

1. 戊糖

核酸中常见的戊糖有两种，分别是 β-D-2-脱氧核糖和 β-D-核糖（图 1-2）。DNA 中的戊糖是 β-D-2-脱氧核糖，RNA 中的戊糖是 β-D-核糖。

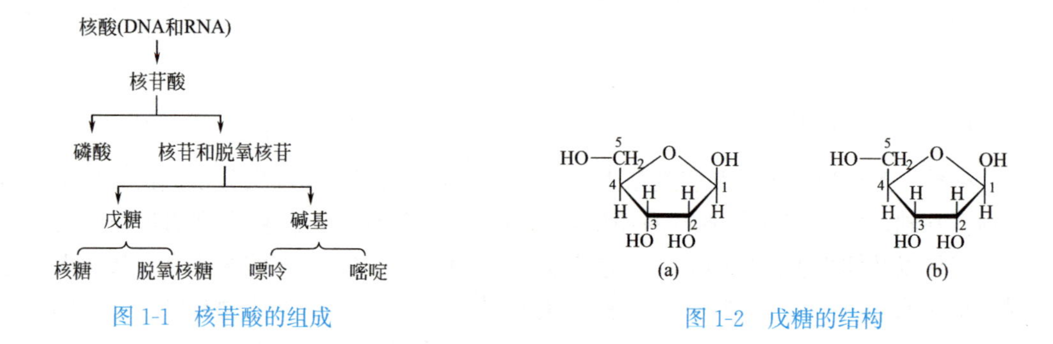

图 1-1 核苷酸的组成

图 1-2 戊糖的结构

2. 碱基

核苷酸中的碱基均为含氮杂环化合物，可分为嘌呤和嘧啶两类，嘌呤包括腺嘌呤（A）和鸟嘌呤（G），嘧啶包括胞嘧啶（C）、尿嘧啶（U）和胸腺嘧啶（T）。其中，胞嘧啶存在于 DNA 和 RNA 中，胸腺嘧啶只存在于 DNA 中，尿嘧啶只存在于 RNA 中。常见碱基的结构式如图 1-3 所示。

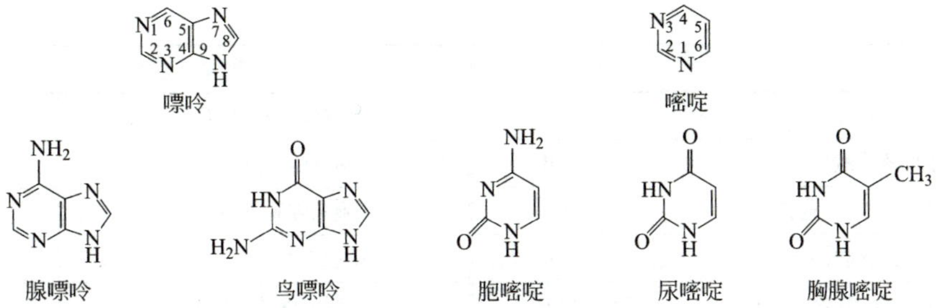

图 1-3　常见碱基的结构式

碱基通过 N-糖苷键（N-C 键），嘧啶为 N1、嘌呤为 N9 与戊糖的 1′碳原子共价连接形成核苷。糖苷的命名是先确定碱基名称，再加“核苷”或“脱氧核苷”，如尿嘧啶核苷、腺嘌呤核苷等（图 1-4）。

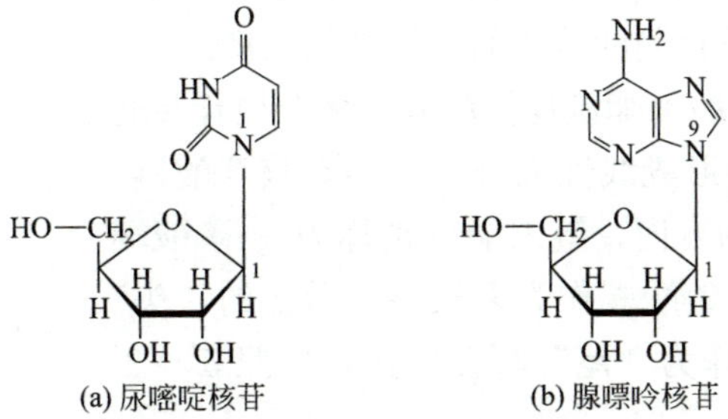

(a) 尿嘧啶核苷　(b) 腺嘌呤核苷

图 1-4　核苷的结构式

知识拓展

稀有碱基：又称修饰碱基，是在核酸转录后经甲基化、乙酰化、氢化、氟化以及硫化而成。稀有碱基的种类极多，大多数都是甲基化衍生物，如 5-甲基胞苷、6-甲氨基嘌呤、7-甲基鸟嘌呤等。核酸中的稀有碱基含量一般较少，但转运 RNA 中则含有较多的稀有碱基。

稀有核苷：核糖和脱氧核糖与稀有碱基结合成相应的核苷，或者正常碱基与核糖之间的稀有连接，称为稀有核苷。

3. 磷酸

核苷中戊糖的 5′碳通过酯键与磷酸连接形成核苷酸。磷酸基团决定了核苷酸和核酸都带有较多的负电荷。根据磷酸基团的多少，可分为一磷酸核苷、二磷酸核苷和三磷酸核苷（图 1-5）。核酸中的核苷酸通过将一个核苷酸的 5′磷酸基与相邻核苷酸的 3′羟基形成 3′,5′-磷酸二酯键。

常见核苷酸名称及其缩写见表 1-1。

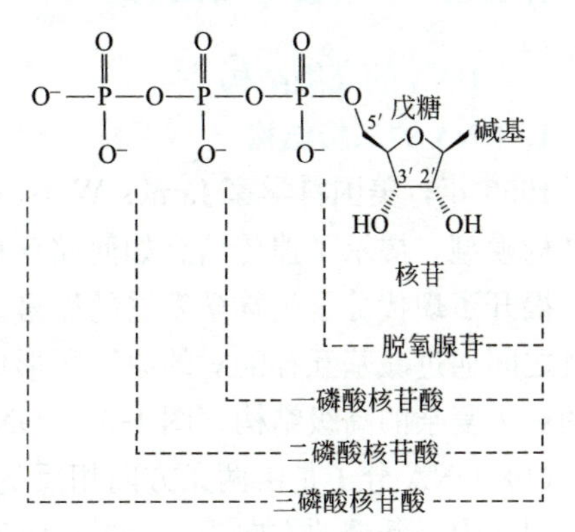

图 1-5　一磷酸核苷酸、二磷酸核苷酸和三磷酸核苷酸的结构式

常见核苷酸名称及其缩写　　表 1-1

核糖核苷酸		脱氧核糖核苷酸	
腺嘌呤核苷酸(腺苷酸)	AMP	腺嘌呤脱氧核苷酸	dAMP
鸟嘌呤核苷酸(鸟苷酸)	GMP	鸟嘌呤脱氧核苷酸	dGMP
胞嘧啶核苷酸(胞苷酸)	CMP	胞嘧啶脱氧核苷酸	dCMP
尿嘧啶核苷酸(尿苷酸)	UMP	胸腺嘧啶脱氧核苷酸	dTMP
腺苷二磷酸(腺二磷)	ADP	脱氧腺苷二磷酸	dADP
腺苷三磷酸(腺三磷)	ATP	脱氧腺苷三磷酸	dATP

1.1.3.2　核酸的一级结构

核酸的一级结构是指核酸分子中核苷酸（脱氧核苷酸）的排列顺序，基因测序就是测的核酸的一级结构（图 1-6）。核苷酸之间通过 3′,5′-磷酸二酯键连接起来，多个核苷酸通过 3′,5′-磷酸二酯键连接形成线性大分子的多聚核苷酸链。多聚核苷酸链具有严格的方向，链末端分别称为 5′-磷酸端和 3′-羟基端，通常把 5′-磷酸端作为多聚核苷酸链的“头”写在左边，把 3′-羟基端作为“尾”写在右边，按照 5′→3′的方向进行书写。

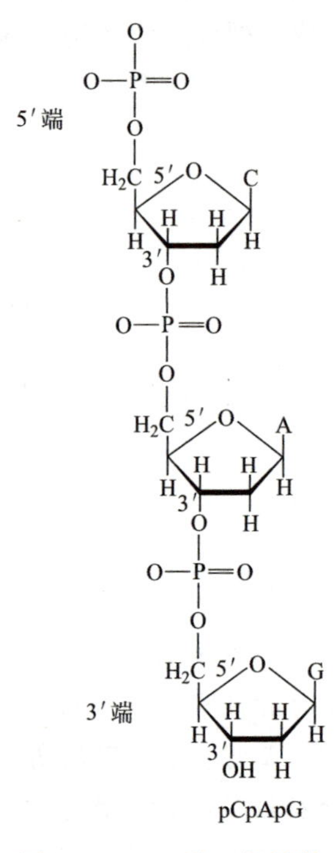

图 1-6　DNA 的一级结构

随着基因测序技术的快速发展，所测定的 DNA 和 RNA 的一级结构越来越多。DNA 分子的主链都是一样的，不同之处仅在于碱基的排列顺序，因此为了书写方便，通常采用碱基符号来表示 DNA 的一级结构，如 5′-ATCCGG-GAAAC-3′。在双链 DNA 中，两条多聚核苷酸链为反平行，因此在书写时应注明两条链的走向，例如：

5′-ATCCGGGAAAC-3′
3′-TAGGCCCTTTG-5′

1.1.3.3　核酸的高级结构

一、DNA 的高级结构

1. DNA 的二级结构

1953 年，美国科学家 James Watson 和英国科学家 Francis Crick 建立了 DNA 的双螺旋结构模型，揭示了遗传信息如何储存在 DNA 分子中，以及遗传性状如何在代间稳定传递，揭开了现代分子生物学发展的序幕。DNA 的二级结构是指构成 DNA 的多聚脱氧核苷酸链之间通过碱基互补配对的原则所形成的双螺旋结构，此结构是在一级结构的基础上形成的更为复杂的高级结构（图 1-7）。DNA 双螺旋结构模型的主要内容包括：

(1) DNA 分子是由两条方向相反的平行多核苷酸链围绕同一中心轴呈螺旋状相互缠绕，即其中一条链的方向为 5′→3′，而另一条链的方向为 3′→5′，两条链共同围绕一个假想的中心轴呈右手双螺旋结构。

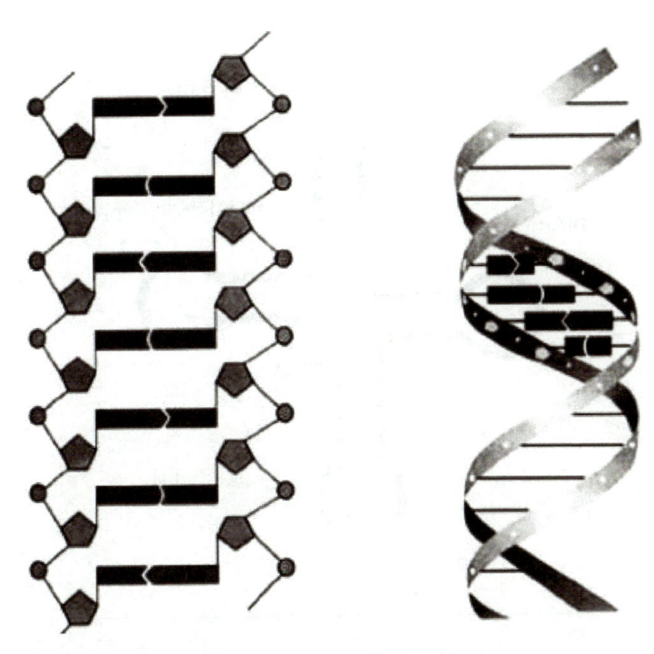

图 1-7　DNA 双螺旋结构

（2）疏水的碱基位于双螺旋的内侧，亲水的磷酸基骨架和脱氧核糖基位于双螺旋外侧。碱基平面与螺旋轴垂直，脱氧核糖平面与中心轴平行。由于几何形状的限制，碱基对只能由嘌呤和嘧啶配对，即 A 与 T、G 与 C。这种配对关系称为碱基互补。

（3）由于碱基对排列的方向性，使得碱基对占据的空间是不对称的，因此，在双螺旋的表面形成大小两个凹槽，分别称为大沟和小沟，两者交替出现。

（4）双螺旋结构中的直径为 2nm，每个相邻碱基对之间的距离为 0.34nm。每 10 对碱基对使螺旋旋转一周，螺距为 3.4nm。

（5）双螺旋结构的稳定主要依靠氢键和碱基堆积力。其中，氢键维系双螺旋横向结构的稳定，碱基堆积力维系纵向结构的稳定。

2. DNA 的三级结构

DNA 的三级结构是在二级结构的基础上，通过扭曲和折叠形成的特定构象。超螺旋结构是 DNA 三级结构中最常见的一种结构。

二、RNA 的高级结构

RNA 通常是单链线型分子，可以通过自身回折形成局部双螺旋结构（二级结构）。在 RNA 中，A 与 U、G 与 C 配对，但不像 DNA 碱基配对那么严格。双链区不参加配对的碱基被排斥在双链外形成突环。

1. tRNA 的高级结构

tRNA 有二级结构和三级结构。tRNA 的二级结构是三叶草型，见图 1-8。

tRNA 的二级结构特征如下：

（1）氨基酸接纳臂由 7 对碱基对组成，富含鸟嘌呤，3′端为 CCA-OH，接受活化的氨基酸。5′端为 pG，少数为 pC。

（2）二氢尿嘧啶环（DHU 环）由 8～12 个核苷酸组成，具有两个二氢尿嘧啶，通过由 3～4 个碱基对组成的双螺旋区与 tRNA 分子的其他部分相连。

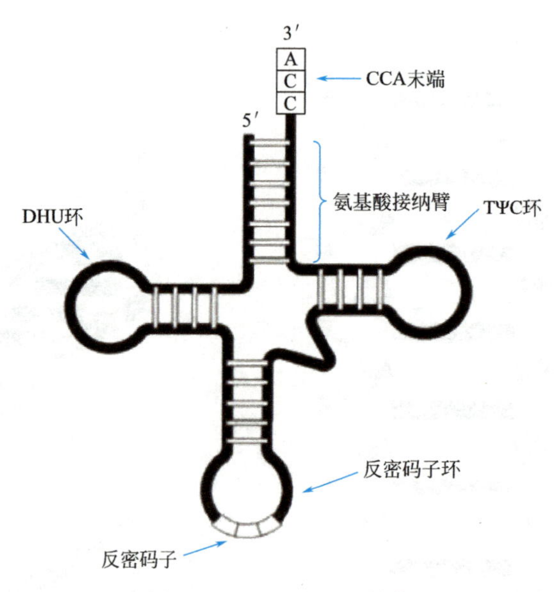

图 1-8 tRNA 的二级结构

（3）反密码子环由 7 个核苷酸组成，环中部为反密码子（由 3 个碱基组成），次黄嘌呤核苷酸（也称肌苷酸）常出现于反密码子中，反密码子环通过由 5 对碱基组成双螺旋区与 tRNA 其他部分相连。

（4）额外环由 3～18 个核苷酸组成。不同的 tRNA 具有大小不同的额外环。额外环是 tRNA 分类的重要指标。

（5）TΨC 环也称假尿嘧啶核苷-胸腺嘧啶核糖核苷环，由 7 个核苷酸组成，通过 5 对碱基组成的双螺旋区与 tRNA 其余部分相连。

tRNA 的二级结构进一步折叠形成三级结构。tRNA 的三级结构是倒 L 型，倒 L 型的一端为反密码子环，另一端为氨基酸接纳臂，见图 1-9。

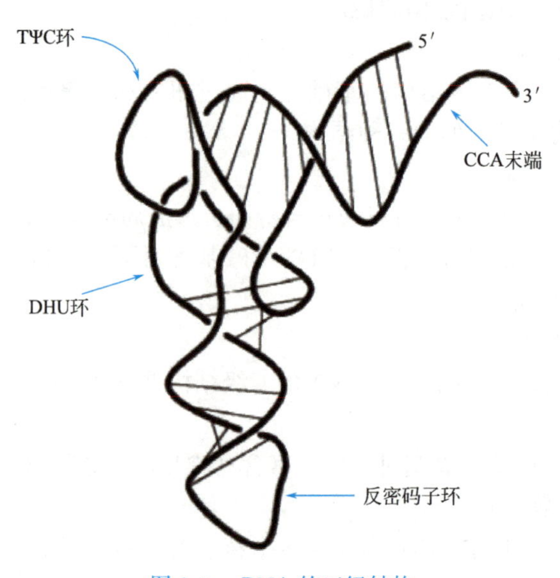

图 1-9 tRNA 的三级结构

1.1.3.4　核酸的理化性质

一、核酸的一般性质

核酸分子中含有磷酸基和碱基，前者具有较强的酸性，后者具有弱碱性，因此核酸是两性电解质。在一定 pH 值条件下可解离，具有等电点，但核酸的等电点偏酸，如游离状态下酵母 RNA 的等电点在 2.0～2.8 的范围内，当溶液的 pH 值大于 4.0 时，核酸分子呈负离子状态，可与 Na^{2+}、K^{+}、Ca^{2+} 等阳离子结合形成盐，也可与带正电荷的碱性化合物形成复合物的形式，如与组蛋白等。DNA 大多数为线形分子，在水溶液中表现出极高的黏度。RNA 溶液的黏度则要小很多。核酸可被酸、碱或酶水解。

二、核酸的紫外吸收性质

核酸的嘌呤和嘧啶碱基的芳香环结构中存在共扼双键（单双键交替排列），使碱基、核苷、核苷酸和核酸具有独特的紫外吸收光谱，在 240～290nm 紫外波段处有强烈的吸收峰，最大吸收值一般在 260nm 附近。实验室中，常用紫外分光光度计得到核酸的紫外吸收值，对核酸进行定性或定量分析。读出 260nm 与 280nm 处的吸光度（A），从 A_{260}/A_{280} 的比值可判断出样品的纯度。纯 DNA 的 A_{260}/A_{280} 比值应大于 1.8，纯 RNA 的 A_{260}/A_{280} 比值应大于 2.0。样品中如果含有杂质，则 A_{260}/A_{280} 的比值明显降低。纯的核酸样品可以通过此法计算其含量。

三、核酸的变性和复性

DNA 的变性是指天然双螺旋 DNA 分子被解开成单链的过程。核酸变性时，碱基对之间的氢键断开，但是不伴有共价键的断裂。核酸变性后，双螺旋解开，碱基的共轭双键暴露，因此与未发生变性的同一浓度的核酸溶液相比，其在波长 260nm 的光吸收增强，该现象称为增色效应。

DNA 的变性可发生在一个很窄的温度范围内。通常把能使一半 DNA 分子发生变性的温度称为 DNA 的解链温度或熔解温度，用 Tm 表示。

DNA 的 Tm 值和多种因素有关。DNA 热变性时，紫外光吸收与温度的关系是一条 S 型曲线，根据 S 型曲线的陡度可以判断 DNA 的均一性，均一的 DNA 熔解温度较窄。核酸由于碱基组成不同，Tm 值也不同，DNA 的 Tm 值一般在 70～85℃之间，DNA 的 Tm 值高低主要与 DNA 中的碱基组成有关。

G-C 对含量越高，Tm 值也越高。A-T 对的含量越多，Tm 值就越低，这是因为 G-C 之间的氢键有三个，而 A-T 之间的氢键只有两个，因此拆散 G-C 之间的互补配对耗能更大。通过测定 Tm 值，可推算出（G-C）对的含量，推算公式如下：

$$(G\text{-}C)\% = (Tm - 69.3) \times 2.44$$

DNA 的变性是可逆的，当变性后，温度再缓慢下降，解开的两条链又可重新结合，恢复为完整的双螺旋结构分子，该过程称为复性或退火。伴随复性会出现核酸溶液的紫外光吸收降低的现象，该现象称为减色效应。

1.1.3.5　核酸的生物合成

生物把它的各种遗传特征传递给下一代。各种遗传特征靠什么来进行传递的呢？在 19 世纪，有科学家提出，遗传特征靠“基因”传递的概念，但当时对基因的理解却是比较抽象的，到 20 世纪 40 年代，科学家发现细胞中的核酸是决定遗传的物质基础，此时才将“基因”的概念具象化，即“基因”是核酸分子中的功能单位。DNA 是遗传的物质基础，DNA 分子中各种核苷酸的排列顺序可以存储大量的遗传信息，所谓的“基因”就是 DNA 分子中的功能片段，通过 DNA 的复制，将遗传信息一代一代地传递，DNA 还可将信息转录成 RNA，然后再翻译成蛋白质。

1.1.4 基因

基因（Gene）的定义：基因是细胞中 DNA 分子上有生物学功能的片断，是控制遗传性状的功能单位、结构单位和突变单位，也是遗传的物质基础。基因这一名词，自 1909 年丹麦遗传学家 W. Johannsen 提出以来，一直沿用至今。构成基因的核苷酸如在种类、数量或者排列顺序上发生改变，就会发生突变，大多数突变会引起基因功能的改变，从而使生物体的性状出现变化。不同基因之间可通过核苷酸的重新排列而发生重组，重组的结果也改变基因的功能。

1.1.4.1 基因组

“基因组”（Genome）一词是由 Winkler H 于 1920 年提出来的，原意为基因（Gene）与染色体（Chromosome）的组合，表示一个生物物种配子中染色体的总和。现在基因组是指生物单倍体细胞中一整套完整的遗传物质，即所有基因的总和（包括所有的编码区和非编码区）。例如，生物个体体细胞中的二倍体由两套染色体组成，其中一套 DNA 序列就是一个基因组。基因组可以特指整套核 DNA（如核基因组），也可以指用于包含自己 DNA 序列的细胞器基因组，如线粒体基因组或叶绿体基因组。基因组是生物体所有遗传信息的总和，其结构的相对稳定是生物种系得以维持和延续的基本前提和重要保证。

1.1.4.2 基因文库

基因文库（Gene library）是指某一特定生物体全基因组的克隆集合。基因文库的构建就是将生物体的单个基因组 DNA 用限制性内切酶切割成若干 DNA 片段，然后将这些 DNA 片段分别与载体在体外连接成重组分子，然后导入受体细胞中，形成一整套含有生物体全基因组 DNA 片段的克隆，并将各克隆中的 DNA 片段按照其在染色体上的天然序列进行排序和整理。在理想情况下，基因文库中的所有重组载体的插入片段的总和，应包含基因组的所有 DNA 序列。

基因文库包括基因组 DNA 文库和部分基因文库（如 cDNA 文库）。

基因组 DNA 文库包含一个细胞全部基因的 DNA 序列，它以 DNA 片段形式贮存基因的信息。将纯化的细胞基因组 DNA 用适当限制性内切消化，获得的大小不同的片段克隆到噬菌体载体中，获得的含不同 DNA 片段的噬菌体即基因组文库，可用核酸杂交法筛选目的基因。

cDNA 文库包含某一组织细胞一定条件下所表达的全部 mRNA 反转录合成的 cDNA 序列的克隆群体。cDNA 文库是以 cDNA 片段形式贮存组织细胞的基因表达信息，可用核酸杂交法或特异性抗体、特异性结合蛋白来筛选目的基因。

1.2 文库的分类

根据测序的样本类型的不同，构建的测序文库可分为 DNA 类文库和 RNA 类文库。DNA 类文库根据研究目的不同，又可分为全基因组测序文库、*de novo* 测序文库、全外显子文库、靶向测序文库及其他文库。RNA 类文库可分为转录组文库、小 RNA 文库及环状 RNA 文库等。

1.2.1 全基因组测序文库

全基因组测序（Whole Genome Sequencing，WGS），是指对某种生物基因组中的全部基因进行测序，即把细胞内完整的基因组序列从第一个 DNA 分子到最后一个 DNA 分子完整地检测出来，并按一定的顺序排列好。全基因组测序覆盖面广，能检测个体基因组中的全部遗传信息。WGS 的准确性高，其准确率可高达 99.99%，使用高通量测序技术分析全基因组可提供所有基因组改变的碱基序列图谱，包括单核苷酸变异（Single Nucleotide Variation，SNV）、插入和缺失（Indels）、拷贝数变异（Copy Number Variation，CNV）及结构变异（Structure Variation，SV）。WGS 可应用在人类、动植物及微生物，尤其是应用于鉴定遗传疾病、查找驱使肿瘤发展的突变及追踪疾病的暴发等方面。

1.2.2 *de novo* 测序文库

de novo 测序文库也称为从头测序，即不需要任何现有的序列资料就可以对某个物种进行测序，最后利用生物信息学分析手段对序列进行拼接、组装，从而获得该物种的完整基因组图谱。目前可用于测定未知基因组序列或没有近缘物种基因组信息的某物种，绘制出基因组图谱，从而达到破译物种遗传信息的目的，对于后续研究物种起源、进化及特定环境适应性，以及比较基因组学研究都具有很重要的意义。

1.2.3 全外显子测序文库

人体基因组 DNA 仅很小一部分片段是编码基因，基因中指令蛋白质合成的部分片段称作“外显子”（Exon），剩余的非外显子区域包括“内含子”（Intron），以及控制基因功能的其他调控序列。目前认为，外显子只占到人类基因组的大约 1%（30MB），基因组中所有的外显子被统称为“外显子组”（Exome），人类外显子组包括 2 万多个基因的 180000 多个外显子，对这部分序列的测序就被称为“全外显子组测序”（Whole Exome Sequencing，WES），这种方法能够检测出所有基因的蛋白质编码区域的变异。

1.2.4 靶向测序文库

由于全基因组测序及全外显子组测序成本相对昂贵，并且常会得到较多的检测者并不关注的序列信息，因此为了降低成本并聚集检测重点感兴趣的序列信息，可采用较全外显子组更进一步聚焦的“靶向富集测序”策略，目前靶向测序的应用越来越广泛。靶向测序即对关键基因或区域进行高深度测序（500～1000×或更高），从而识别罕见变异或为针对疾病相关基因的研究提供准确且易于解读的结果。该策略有效地降低了测序成本，提高了测序深度，能够更经济、高效、精确地发现特定区域的遗传变异信息。通过研究大量样本的靶向目标区域，有助于发现和验证疾病相关候选基因或相关位点，在临床诊断及药物开发等方面有着巨大的应用潜力。

1.2.5 ChIP-Seq 文库

染色质免疫共沉淀技术（Chromatin Immuno Precipitation，ChIP）是一种适用于研究蛋白质与生物体细胞中 DNA 相互作用的经典方法，通常用于转录因子结合位点或组蛋白特异性修饰位点的研究。将 ChIP 与第二代测序技术相结合的 ChIP-Seq 技术，能够高效地在全基因组范围内检测与组蛋白、转录因子等互作的 DNA 区段，研究体内转录因子和靶基因启动子区域直接相互作用的方法，对于调控蛋白在基因组上的结合靶点筛选、差异化表观遗传变异的原理揭示提供了重要的解决思路。

ChIP-Seq 是一种无偏向检测技术，能够完整显示 ChIP 富集 DNA 所包含的信息。其优势在于其强大的“开放性”，强大的发现和寻找未知信息的能力。

1.2.6 转录组文库

在对转录组的研究中，转录组测序是近年来新兴的一项重要检测技术手段。广义上的转录组测序是指利用高通量测序技术对总 RNA 反转录后的 cDNA 进行测序，以全面、快速地获取某一物种特定器官或组织在某一状态下的几乎所有转录本。但由于一般实验中抽提到的总 RNA 中 95%都是序列保守、表达稳定的核糖体 RNA（rRNA），因此在对总 RNA 样本进行转录组测序后，往往会得到很多不重要的 rRNA 数据信息，甚至会掩盖 RNA 中信息含量最丰富的 mRNA 测序数据。因此，目前许多研究所提及的转录组测序常为狭义的转录组测序，即 mRNA 测序。

以真核生物为例，mRNA 测序文库是以样本的 Total RNA 为基础，从中提取 mRNA 构建测序文库，因此文库构建包括 mRNA 富集和碎片化、mRNA 反转录、接头添加和 PCR 富集等过程。

1.2.7 小 RNA 文库

小 RNA（Small RNA）是一类片段长度小于 30nt 的非编码 RNA 分子，包括 microRNA、siRNA 和 piRNA 等，虽然这些小 RNA 不能直接编码翻译形成蛋白质，但是它们却可以通过碱基互补配对的方式识别并降解靶向 mRNA，从而抑制 mRNA 的翻译过程。因此，小 RNA 分子在基因表达调控、生物个体发育、代谢及疾病的发生等生理过程中起着重要作用。其中最熟知的 microRNA 是真核生物中普遍存在的一类长度为 21～25nt 的内源性非编码小 RNA。小 RNA 测序是利用高通量测序技术对这类重要的调控小 RNA，尤其是 microRNA 进行序列鉴定和分析，通过小 RNA 测序可以快速鉴定物种全基因组水平的小 RNA 图谱，并预测新的 microRNA，同时可对 microRNA 的靶基因进行预测和功能分析。

小 RNA 文库构建试剂盒一般的策略为：在小 RNA 两端先后连接 3′端 RNA 接头及 5′端 RNA 接头，在完成第一条 cDNA 链反转录后直接进行 PCR 文库扩增，最后通过高分辨率凝胶电泳筛选回收合适片段大小的文库样本。

1.3　文库构建的流程

文库构建是二代测序技术的基础，其目的是把测序目的片段（DNA 或 RNA）构建成与测序平台匹配的长度和结构，之后在小片段 DNA 或者 RNA 两端添加接头，形成能上机测序的有效文库的过程。以下为 DNA 文库和 RNA 文库的构建流程。

1.3.1　DNA 文库构建

常见的用于高通量测序的 DNA 文库的构建方法有三种：连接接头建库、转座酶建库和 PCR 扩增子建库。

1.3.1.1　连接接头建库

连接接头建库是目前市场上应用较为广泛的技术，整个流程大概需要 3 小时。连接接头建库的基本流程是：通过物理打断（超声破碎法）或酶切打断的方式将提取好的基因组 DNA 片段化，片段化后的 DNA 末端需要进行补平修复和加 A，再在 DNA 连接酶的作用下，这种末端带 A 尾的目的片段通过 TA 克隆方式和合成时就带上 T 尾的接头连接。之后可通过 PCR 扩增进行文库富集，也可不扩增进行 PCR-Free 建库，最后经过纯化或片段筛选即完成建库过程（图 1-10）。

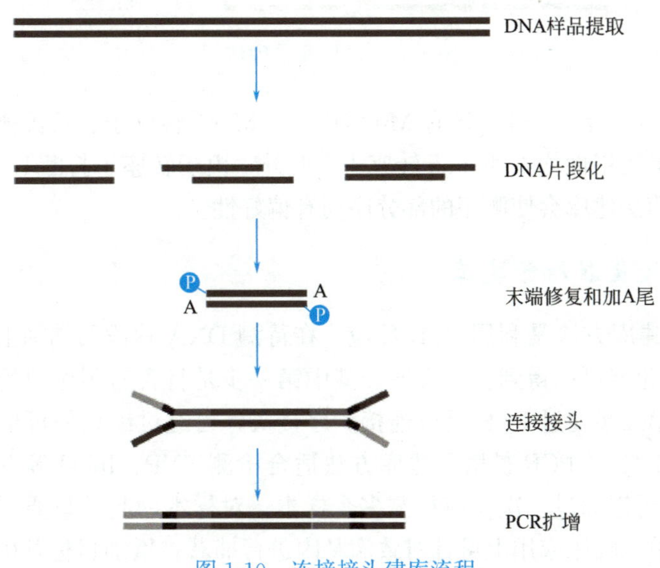

图 1-10　连接接头建库流程

1.3.1.2　转座酶建库

转座酶法建库技术的关键是 Tn5 转座子，Tn5 转座子是一种细菌转座子，本质是一段含有若干抗性基因和编辑转座酶基因的 DNA 片段。Tn5 转座子因其转座的随机性好、稳定性高和插入位点易测序等优点，成为分子遗传和基因诊断领域的热门工具。传统的建库方式需要经过 DNA 片段化、末端修复、接头连接、文库扩增、多步纯化等步骤。转座子的末端序列可和接头两端 P5、P7 的部分序列结合，形成包被接头，再与转座酶形成 Tn5 转座复合体，这种复合体可将基因组 DNA 片段化，形成一端含 P5 端部分接头序列，另一端含 P7 端部分接头序列的小片段 DNA，之后需将接头与插入片段之间的小 gap 补平，再通过 PCR 加上 index 信息和其他接头部分，形成完整文库。

在转座酶建库技术中，可将 DNA 片段化、末端修复、接头连接等多步反应转变为一步反应，缩短建库时间，简便又高效（图 1-11）。

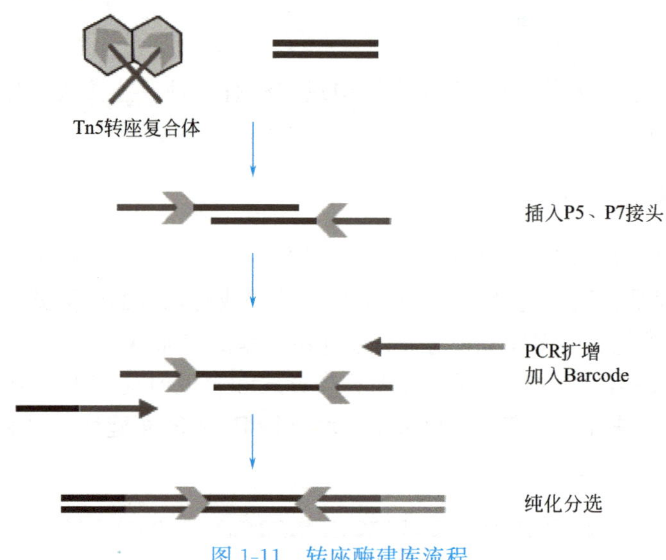

图 1-11 转座酶建库流程

目前，除了 Tn5 转座子外，还有 Mu 转座子、Mos1 转座子、哈氏弧菌转座子等也被用于文库构建，但实用性均不如 Tn5 转座子。此外，由于转座子打断 DNA 识别特异性的问题存在，转座酶法建库会使测序的部分序列有偏好性。

1.3.1.3 PCR 扩增子建库

PCR 扩增子建库方法是利用 PCR 反应，在待测 DNA 片段两端加上接头，只需要两轮 PCR 和两步纯化就可以得到目标文库，其中第一步是将含通用序列的引物和目标区域结合进行扩增，第二步通过 PCR 反应连接测序接头，再经过纯化便可形成用于上机测序的待测文库（图 1-12）。PCR 扩增子建库方法适合检测 SNP、Indel 等点突变，需要特异定制引物 panel，可以通过一次反应检测多个样本，对样本的起始量要求比较低，且后续数据分析相对简单。临床应用上可针对致病基因进行捕获，增加目标基因检测的覆盖度和测序深度。但由于引物很难扩增出所有待测片段，因此该方法不太适用全外显子测序和全基因组测序，文库的覆盖率会比较低。

1.3.2 RNA 文库构建

RNA 文库构建是指通过逆转录和接头连接等过程将 RNA 转化为基因测序仪可识别的双链 DNA 的过程，是 RNA 测序（RNA sequencing）的关键步骤。根据 RNA 的种类，RNA 文库可以分为 microRNA 文库、LncRNA 文库等，以 illumina 测序平台为例，常规

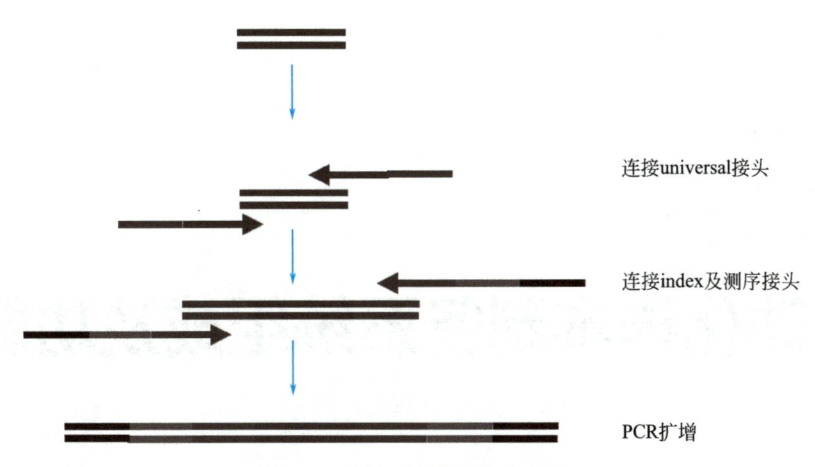

图 1-12　PCR 扩增子建库流程

RNA 文库构建的流程包括：RNA 富集和片段化、cDNA 一链合成、cDNA 二链合成、末端修复、添加 A 尾、接头连接、PCR 富集。

习题

一、选择题

1. 核苷酸在核酸分子中的连接键是（　　）。

A. 磷酸二酯键　　B. 糖苷键　　C. 氢键　　D. 离子键

2. 核酸的基本组成单位是（　　）。

A. 戊糖　　B. 核糖　　C. 核苷酸　　D. 碱基

3. 以下哪种不是 DNA 中的碱基？（　　）

A. 腺嘌呤　　B. 胞嘧啶　　C. 胸腺嘧啶　　D. 尿嘧啶

二、名词解释

1. 基因

2. 全基因组测序

三、简答题

简述 DNA 文库构建流程。

第2章
自动化样本制备系统组成及功能

本章教学目标

1. 了解自动化样本制备系统的工作原理及用途。
2. 熟悉自动化样本制备系统的组成及各部件的功能。
3. 熟悉自动化样本制备系统控制软件的使用。
4. 了解自动化样本制备系统电气部件。
5. 熟悉自动化样本制备系统常用脚本结构及常用指令。

2.1 仪器概述

自动化样本制备系统是一款可用于执行基因测序文库自动化构建的工作站。采用自动化的流程设计，可对样本进行批量处理，省去人工实验的烦琐重复操作，提高MPS文库制备的稳定性，降低总成本，全面提升实验室整体工作效率。本章将以华大智造的MGISP-100自动化样本制备系统为例（图2-1），重点介绍自动化样本制备系统的工作原理、系统构成和基本部件。

图2-1 MGISP-100自动化样本制备系统

2.2 工作原理

MGISP-100自动化样本制备系统使用移液模块、温控模块及PCR模块，移取样本及试剂，根据设定的流程进行处理，包括 DNA 提取、酶反应以及磁珠纯化等反应，最终得到文库，用于基因测序仪进行测序检测。

其工作流程如图 2-2 所示。

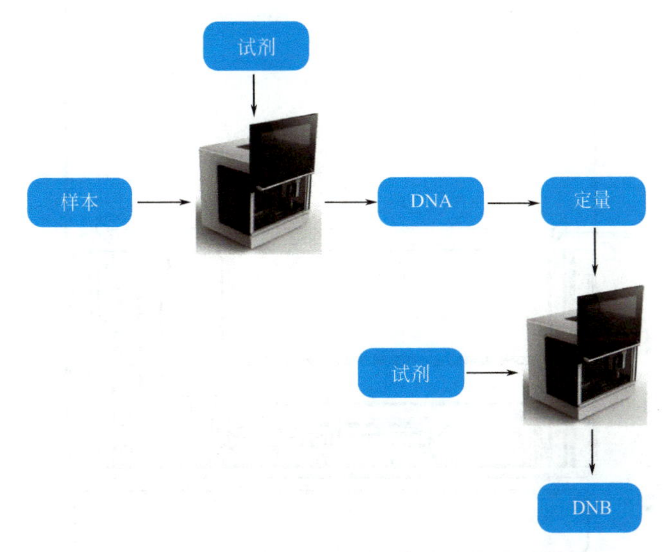

图 2-2　工作流程图

2.3　仪器系统组成

本系统主要由主机和控制软件两部分组成，其中主机由三维机械臂、移液模块、PCR 模块、温控模块、主机架组成。控制软件主要用于设备控制、检测结果的数据处理。

各部件功能说明见表 2-1。

各部件功能说明　　表 2-1

部件	说明
三维机械臂	带动移液模块实现精确定位，进行一次性吸头的装载
移液模块	完成一次性吸头的装卸，吸排液
PCR 模块	完成酶反应和 PCR 反应
温控模块	存放试剂，并完成部分提取反应
主机架	承载仪器内部部件
计算机	用于安装操作系统及控制软件
控制软件	用户可根据不同的实验目的，自定义自动化基因文库制备流程

2.3.1　前视图

MGISP-100 的前视图如图 2-3 所示，前视图中包含的各部件名称及部件功能见表 2-2。

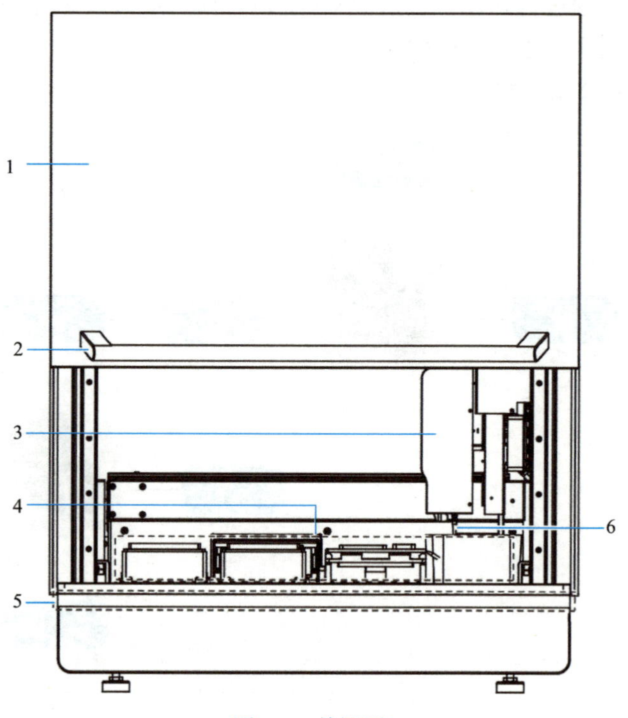

图 2-3 前视图

各部件名称及功能 表 2-2

序号	名称	说明
1	视窗	可通过透明视窗观察仪器内部。打开视窗可执行操作平台相关操作。此视窗配有传感器，当仪器运行时，此视窗处于锁定状态
2	视窗把手	握住把手向上/下推动即可打开/关闭视窗
3	机械臂	带动移液模块实现精确定位，进行一次性吸头的装载
4	操作平台	用于放置耗材、样本和试剂，进行生化反应
5	状态指示灯带	用于显示仪器当前的状态： • 红色：出现硬件故障或软件错误 • 绿色：正在运行 • 蓝色：待机 • 黄色：出现警告，但不影响实验运行
6	移液器	用于完成一次性吸头的装卸、吸排液

2.3.2 操作平台俯视图

MGISP-100 操作平台俯视图如图 2-4 所示，俯视图中各部件名称及功能见表 2-3。

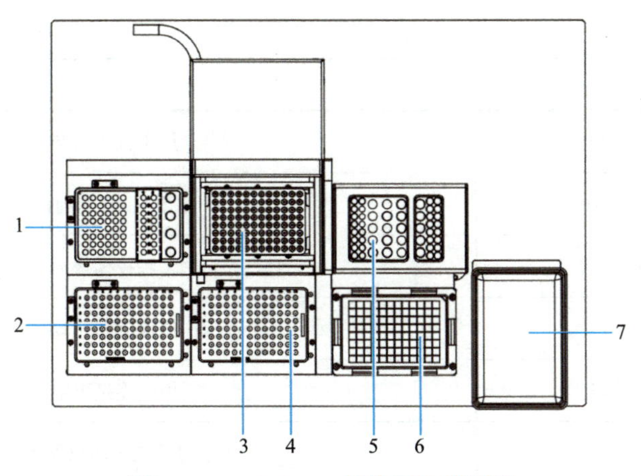

图 2-4　MGISP-100 操作平台俯视图

各部件名称及功能　表 2-3

序号	名称	说明
1	样本位置(Pos1)	用于放置样本及输出文库
2	吸头 1 位置(Pos2)	用于放置一次性吸头
3	反应位置(Pos3)	PCR 模块,可进行生化酶反应
4	吸头 2 位置(Pos4)	用于放置一次性吸头
5	温控模块位置(Pos5)	用于放置制备样本的生化试剂。模块右侧有温度控制功能
6	磁力架位置(Pos6)	用于提取和纯化磁珠
7	废料袋位置(Pos7)	用于将废弃的吸头收集到废料袋中

2.3.3　后视图

MGISP-100 后视图如图 2-5 所示，后视图所包含的各部件名称及功能见表 2-4。

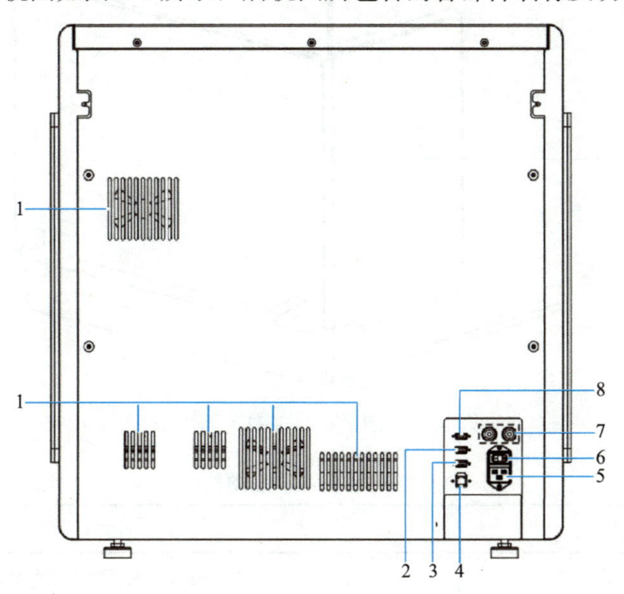

图 2-5　后视图

各部件名称及功能 表 2-4

序号	名称	说明
1	仪器出风孔	用于仪器散热
2	IO 通信接口	用于 IO 板卡通信
3	温控模块通信接口	用于温控模块通信
4	网络接口	用于连接仪器和计算机网络
5	电源接口	用于连接市电
6	电源开关	用于打开或关闭仪器电源： • 拨至 ▌ 位置时打开电源 • 拨至 ○ 位置时关闭电源
7	保险丝插口	用于安装保险丝，规格为 F16AL250V
8	CAN 通信接口	用于控制电机

2.3.4 左视图

MGISP-100 左视图如图 2-6 所示，左视图所包含的各部件名称及功能见表 2-5。

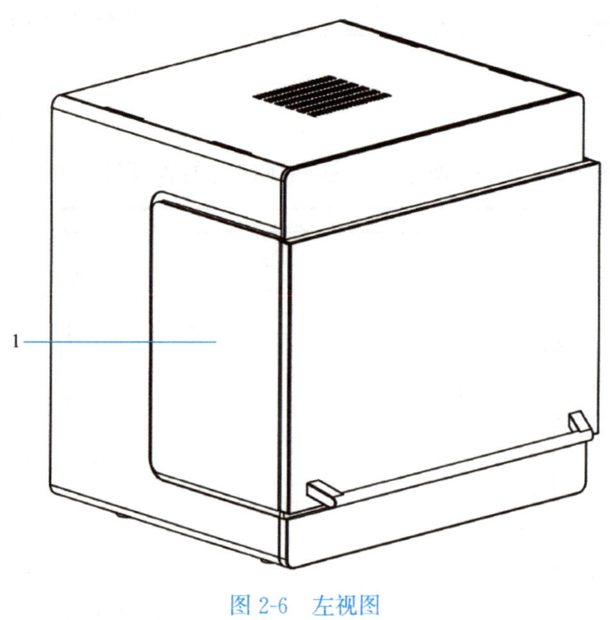

图 2-6 左视图

各部件的名称及功能 表 2-5

序号	名称	说明
1	左视窗	通过视窗可观察仪器内部状态

2.3.5　右视图

MGISP-100 右视图如图 2-7 所示，右视图所包含的各部件名称及功能见表 2-6。

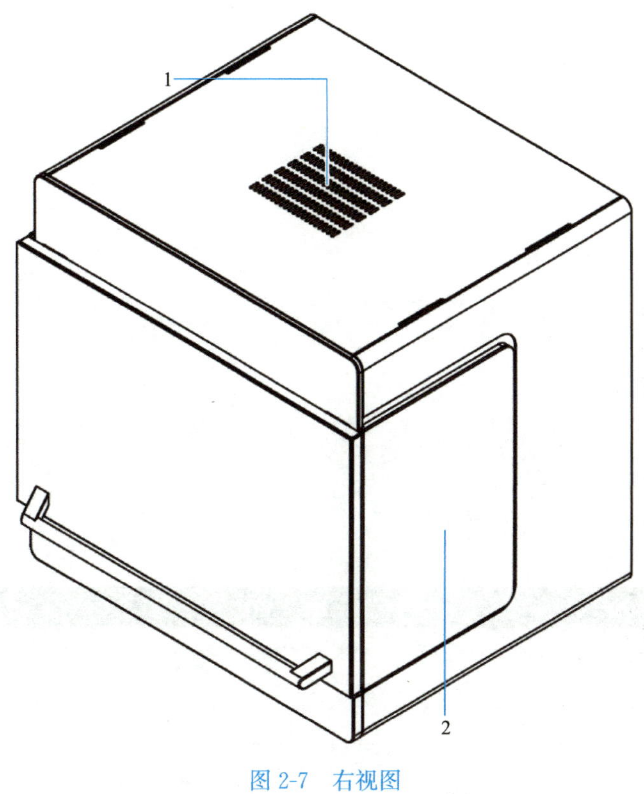

图 2-7　右视图

各部件名称及功能　　表 2-6

序号	名称	说明
1	仪器进风孔	空气过滤单元的进风口
2	右视窗	通过视窗可观察仪器内部状态

2.4　控制软件

2.4.1　软件进入界面

软件进入界面如图 2-8 所示。

2.4.2　身份验证及权限

身份验证界面如图 2-9 所示。

图 2-8 软件进入界面

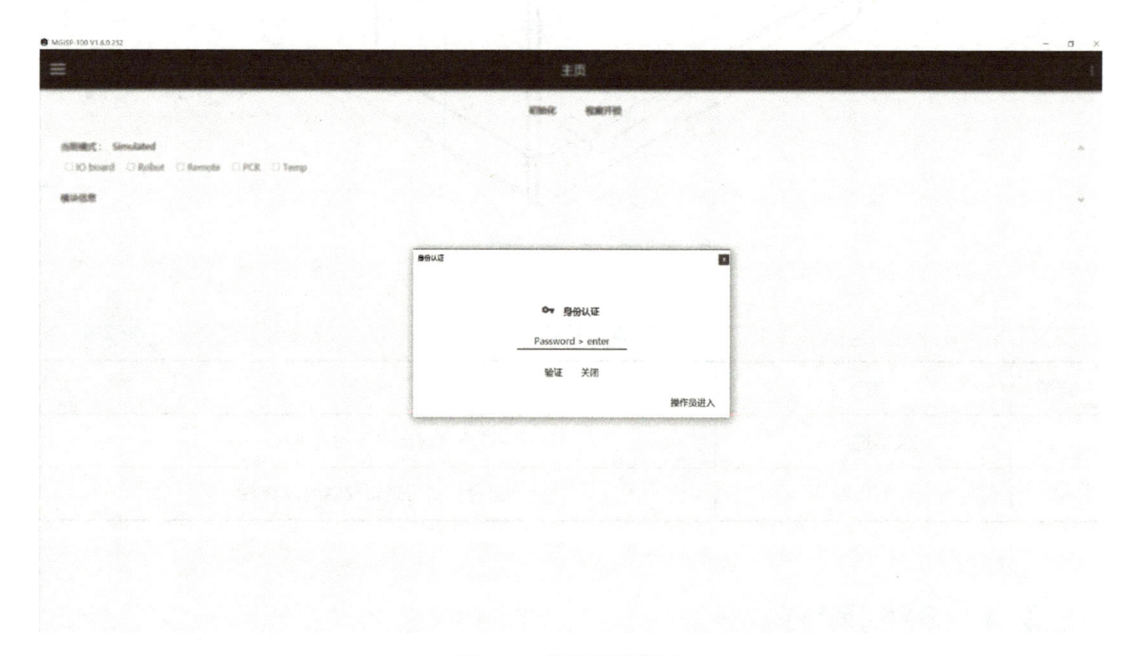

图 2-9 身份验证界面

1. 左侧导航栏

左侧导航栏如图 2-10 所示。

2. 右侧导航栏

右侧导航栏如图 2-11 所示。

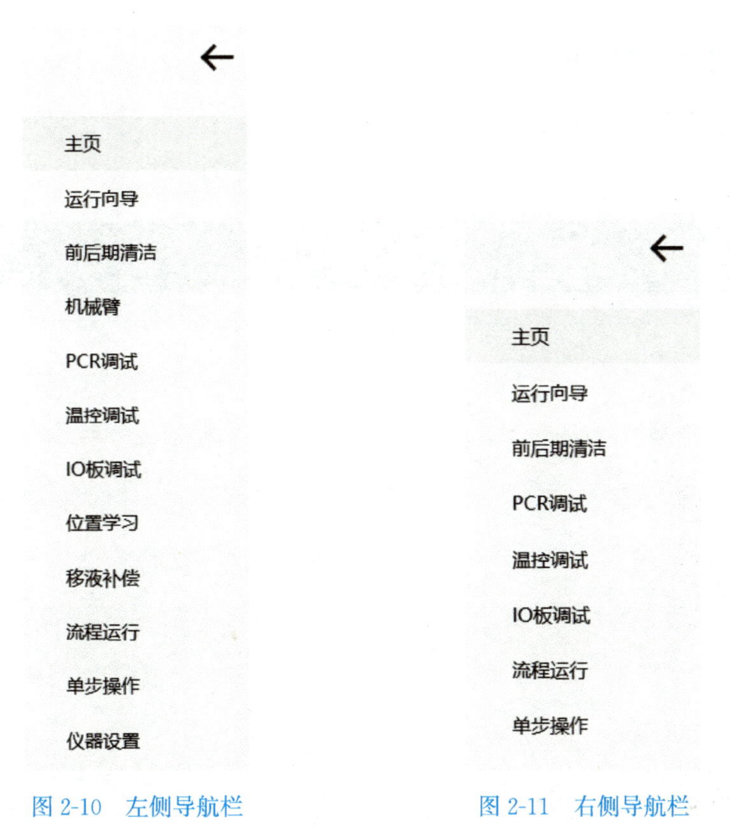

图 2-10　左侧导航栏　　　　图 2-11　右侧导航栏

3. 工程师权限

工程师权限如图 2-12 所示。

4. 用户权限

用户权限如图 2-13 所示。

查看日志
导出日志
升级固件
屏幕截图
中 文
English
关 于

图 2-12　工程师权限

查看日志
导出日志
屏幕截图
中 文
English

图 2-13　用户权限

2.4.3 主页-初始化

初始化界面如图 2-14 所示。

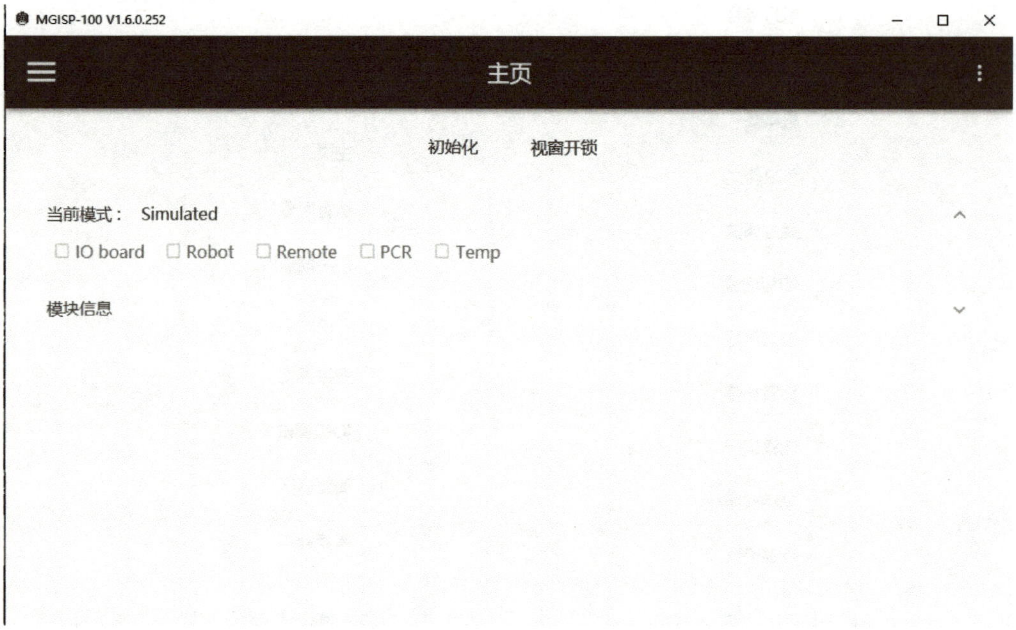

图 2-14 初始化界面

初始化成功界面如图 2-15 所示。

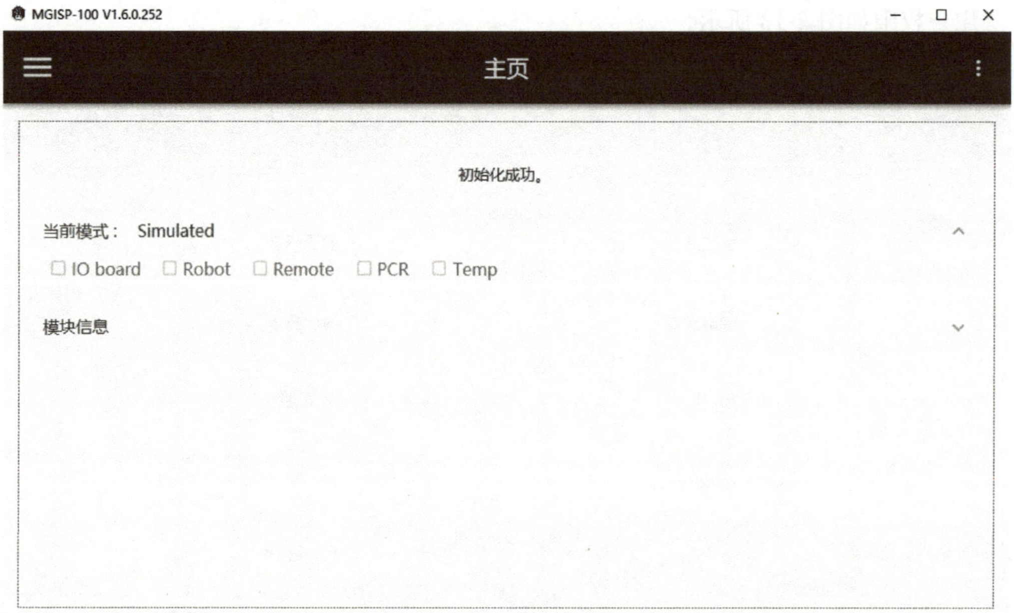

图 2-15 初始化成功界面

2.4.4　运行向导

运行向导界面如图 2-16 所示。

运行向导

应用方案:　脚本:　运行　暂停

仪器状态:　空闲　开始时间:　--　运行时间:　--　预估剩余时间（孵育）:　结束状态:　--

阶段:　步骤:　动作:　PCR:　Idle　--　--　温控:　--

实时台面

运行信息　导出历史记录

序号　时间　活动　状态　参数

图 2-16　运行向导界面

2.4.5　前后期清洁

前后期清洁界面如图 2-17 所示。

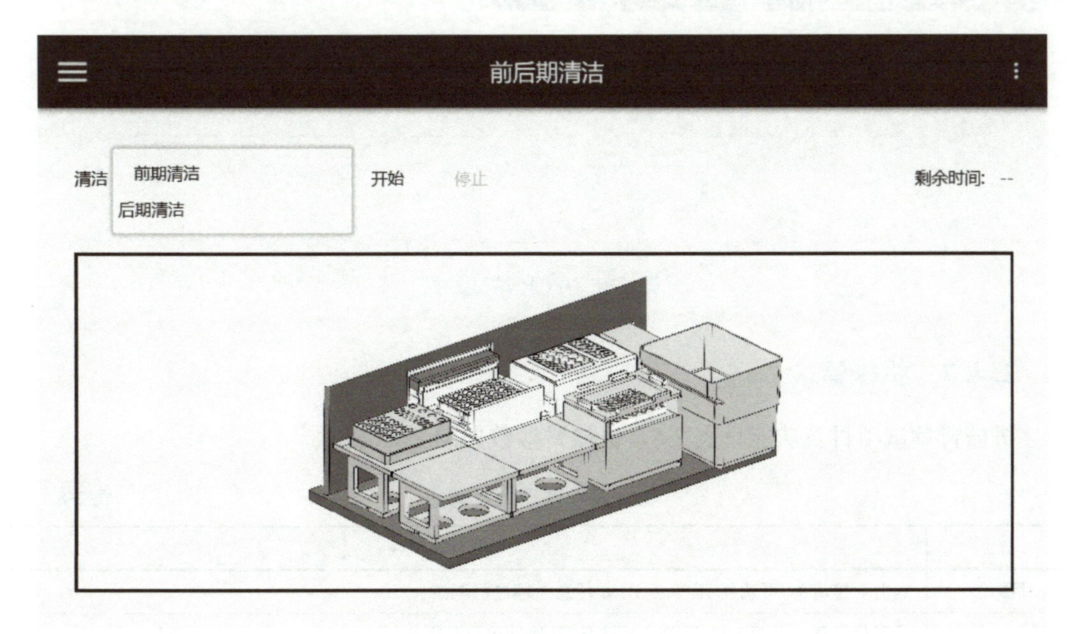

图 2-17　前后期清洁界面

2.4.6 PCR 调试

PCR 调试具体信息见表 2-7，调试界面如图 2-18 所示。

PCR 调试的项目及对应的功能　　表 2-7

项目	功能描述
Reset	点击将 PCR 复位
OpenDoor	点击打开 PCR 盖
GetParameters	点击获取 PCR 中的 MethodName，并在右侧列出
RunMethod	在 MethodName 列表中，选择需要的测试的脚本，点 RunMethod 运行此脚本
CloseDoor	点击关闭 PCR 盖
SetParameters	点击可导入 PCRmethod
StopMethod	运行 Method 过程中，点击停止运行
Clear	清除记录

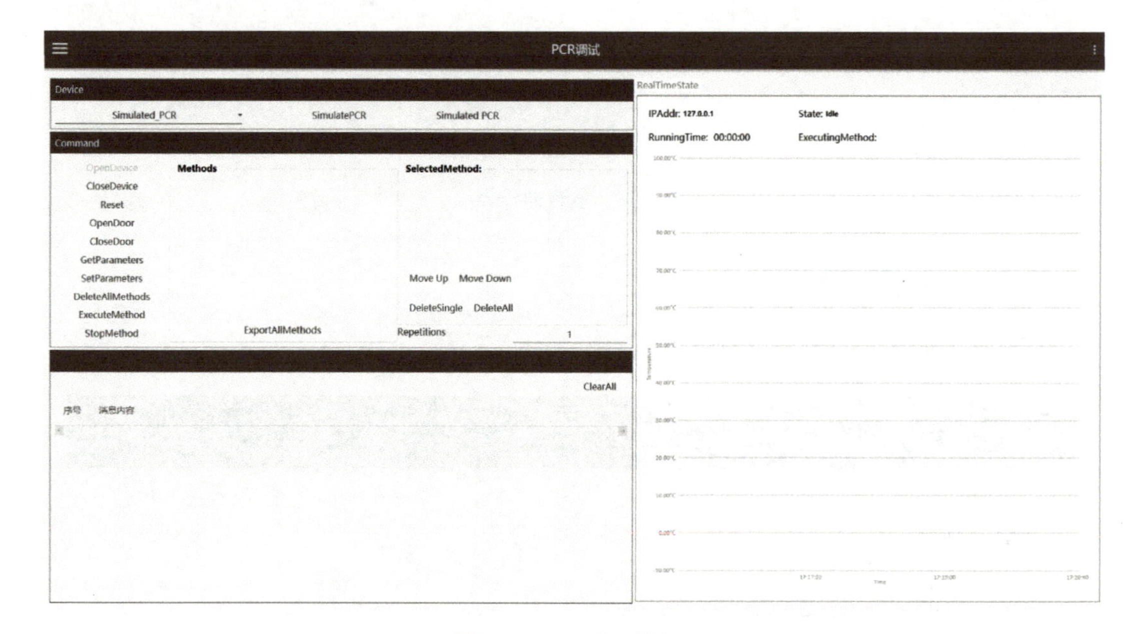

图 2-18　PCR 调试界面

2.4.7 机械臂

机械臂调试项目及功能见表 2-8，机械臂参数如图 2-19 所示。

机械臂调试项目及功能　　表 2-8

项目	功能描述
目标轴	点击下拉箭头，可选择 X、Y、Z、P、M 任意一轴进行调试
运动间距	设置目标移动的距离（P 轴单位是微升，其他轴单位是微米）， 正值表示正向运动，负值表示反向运动

续表

项目	功能描述
Absolute	选择相对原点位置移动目标轴
Relative	选择相对当前位置移动目标轴

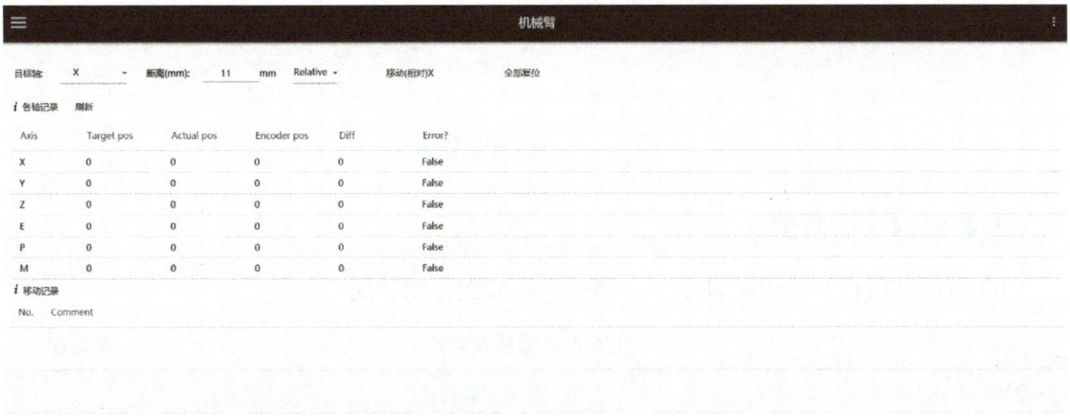

图 2-19　机械臂参数

2.4.8　温控调试

温控调试项目及功能见表 2-9，调试界面如图 2-20 所示。

温控调试项目及功能　　表 2-9

项目	功能描述
PID 参数	无需设置，系统自动使用默认参数
温度范围	输入测试温度的范围，且温度范围必须由小到大
测试次数	输入温度范围内所需测试的次数
开始测试	点击开始进行温度测试
终止测试	点击停止温度的测试
清除记录	点击清除记录
实时温度	实时获取当前温控模块的温度
计时	记录运行的时间
开始	点击清除计时数据，重新开始计时
结束	点击停止计时，不清除计时数据
目标温度	点击下拉箭头，可选择所需校准的温度
补偿温度	输入需要补偿的温度

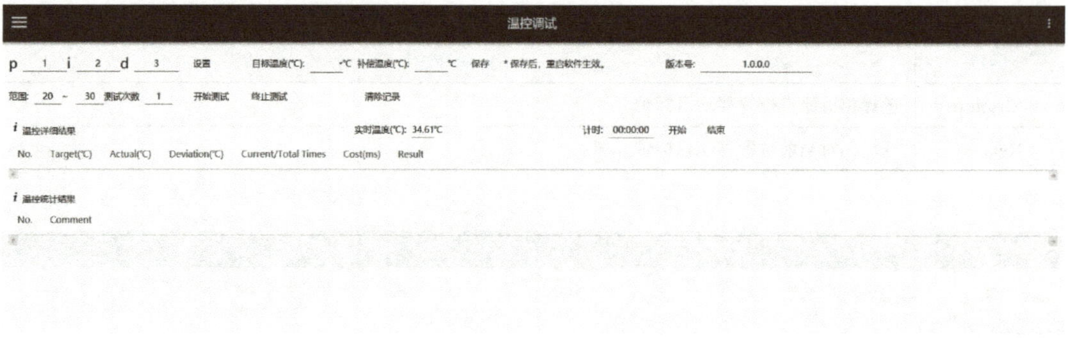

图 2-20 温控调试界面

2.4.9 IO 板调试

IO 板调试项目及功能见表 2-10，调试界面如图 2-21 所示。

IO 板调试项目及功能 表 2-10

项目	功能描述
层流罩	点击可打开或关闭层流罩
安全锁	点击可打开或关闭安全锁
照明灯	点击可打开或关闭照明灯
蜂鸣器	点击可打开或关闭蜂鸣器
灭菌灯	点击可打开或关闭灭菌灯
LED 灯带	点击测试 LED 灯四种颜色
视窗状态	点击查询，当前视窗状态将在操作记录表显示
蜂鸣器音量	点击可设置蜂鸣器音量，最右端音量最大
清除记录	点击清除记录

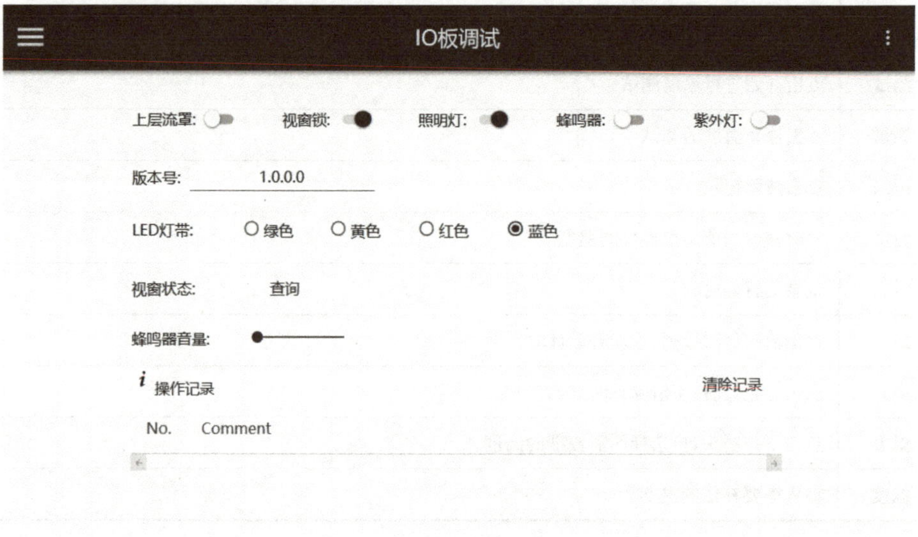

图 2-21 IO 板调试界面

2.4.10　位置学习

位置参数调试界面如图 2-22 所示。

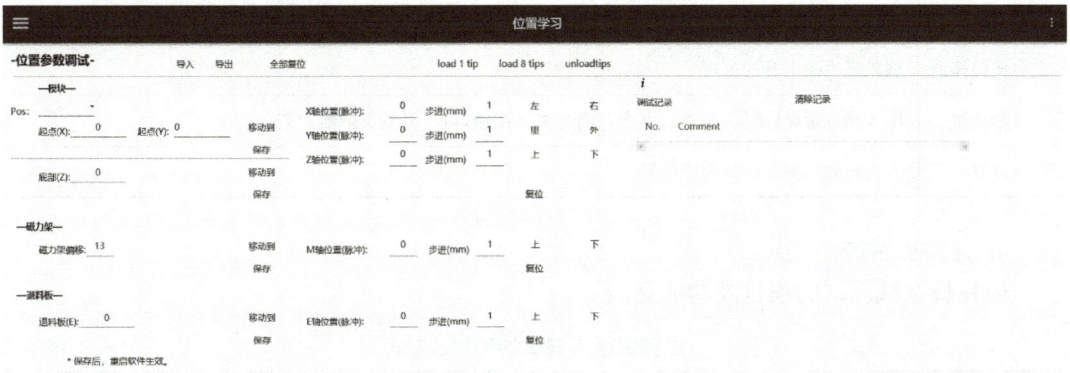

图 2-22　位置学习

各位置区域的调试项目如下。

1. 顶部区域

顶部区域的调试项目及功能见表 2-11。

顶部区域的调试项目及功能　　表 2-11

项目	功能描述
导入	点击选择对应机型的配置文件，自动替换默认的配置文件，并自动在配置文件路径下备份旧的配置文件
导出	点击导出已保存的配置文件到指定路径进行备份，可修改文件名
全部复位	点击将机械臂的六个轴都复位到起始位置
load 1 tip	点击在 POS2 12H 处扎一个吸头
load 8 tips	点击在 POS2 1A 处扎八个吸头
unload tips	点击在 POS7 卸下吸头

2. 模块区域

模块区域的调试项目及功能见表 2-12。

模块区域的调试项目及功能　　表 2-12

项目	功能描述
Pos	点击下拉菜单可选择需要调试的位置。位置的坐标在 Pos 下方显示
保存	点击保存当前的坐标值到选中的位置。保存后需重启工程师软件才会生效
X 轴位置	可输入相对当前位置移动的距离(单位:毫米),点击右侧按钮开始移动
Y 轴位置	可输入相对当前位置移动的距离(单位:毫米),点击右侧按钮开始移动
Z 轴位置	可输入相对当前位置移动的距离(单位:毫米),点击右侧按钮开始移动
复位	点击将 X、Y、Z 轴恢复到起始位置

3. 磁力架区域

磁力架区域调试的项目及功能见表 2-13。

磁力架区域调试的项目及功能　　表 2-13

项目	功能描述
磁力架偏移值	输入磁力架上升的高度
M 轴位置	输入步进距离(单位:毫米),点击右侧上或下按钮,可上升或下降磁力架
复位	点击将磁力架复位到起始位置

4. 退料板区域

退料板区域调试的项目及功能见表 2-14。

退料板区域调试的项目及功能　　表 2-14

项目	功能描述
退吸头偏移	输入卸下吸头时移动的距离
E 轴位置	输入步进距离(单位:毫米),点击右侧上或下按钮,可上升或下降退吸头面板
复位	点击将退料板恢复到起始位置

2.4.11 移液补偿

移液补偿调试界面如图 2-23 所示。

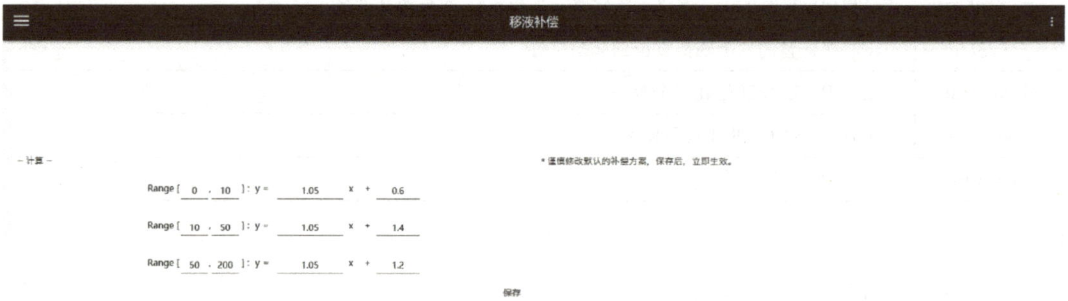

图 2-23　移液补偿

2.4.12 流程运行

在调试项目菜单，选择流程运行，打开流程运行界面。

点击浏览，选择需要运行的脚本后，点击运行。流程运行界面如图 2-24 所示。

2.4.13 单步操作

单步操作界面如图 2-25 所示。

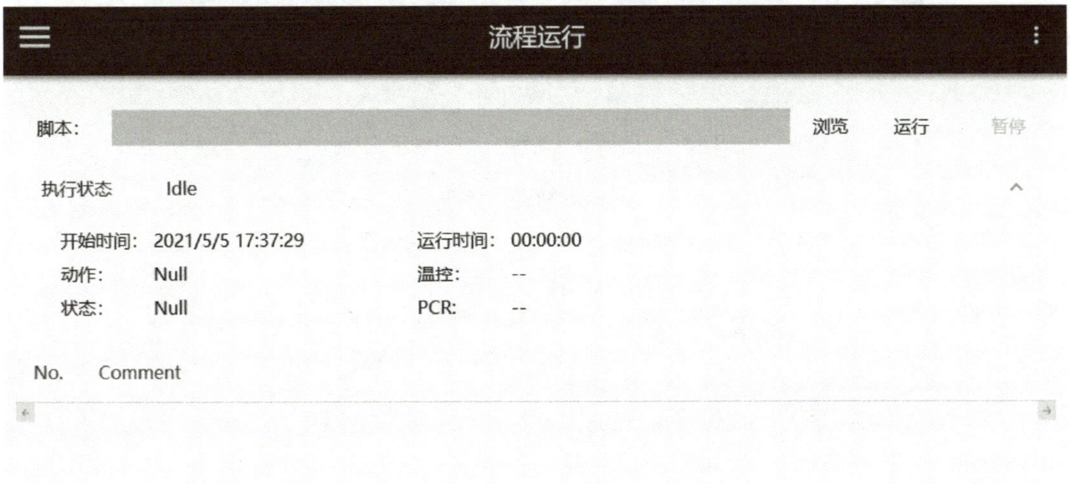

流程运行

脚本：　浏览　运行　暂停

执行状态　Idle

开始时间：2021/5/5 17:37:29　运行时间：00:00:00

动作：Null　温控：--

状态：Null　PCR：--

No.　Comment

图 2-24　流程运行

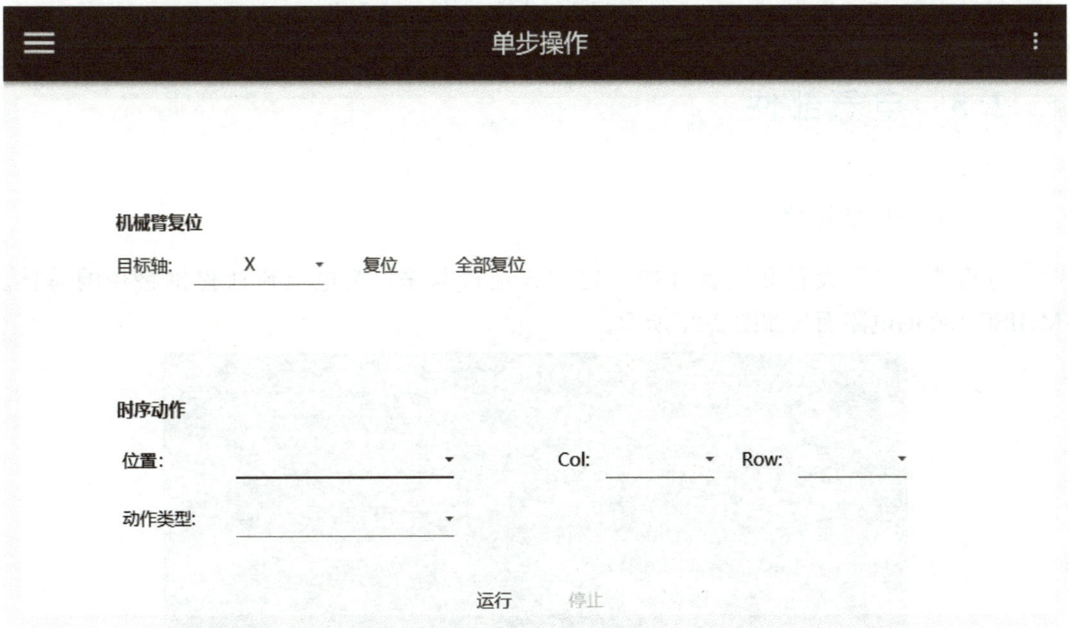

单步操作

机械臂复位

目标轴：X　复位　全部复位

时序动作

位置：　Col:　Row:

动作类型：

运行　停止

图 2-25　单步操作

2.4.14　仪器设置

仪器设置界面如图 2-26 所示。

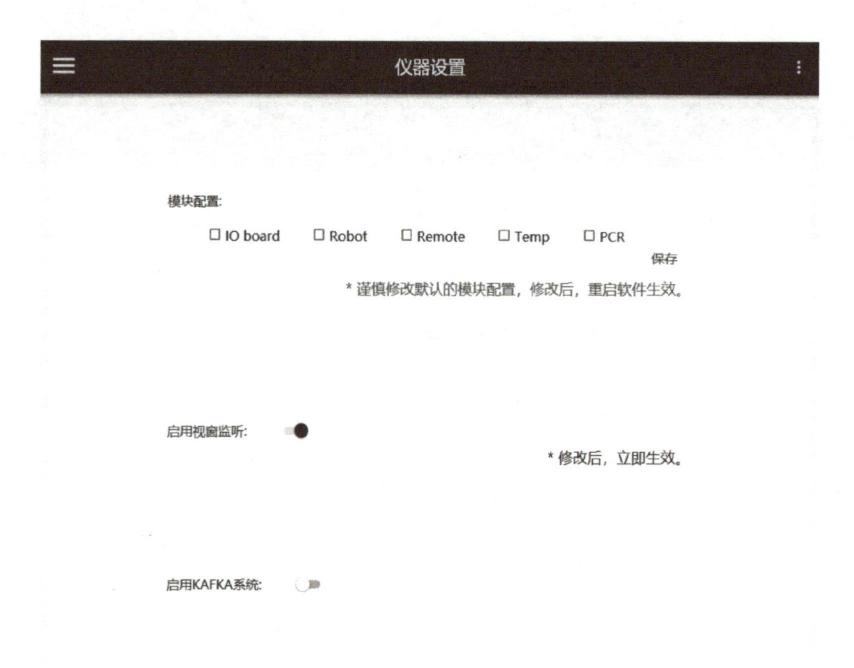

图 2-26　仪器设置

2.5　电气部件

2.5.1　电路介绍

电路是由电气设备和元器件按一定方式连接起来，为电流流通提供路径的总体。MGISP-100 的电路面板如图 2-27 所示。

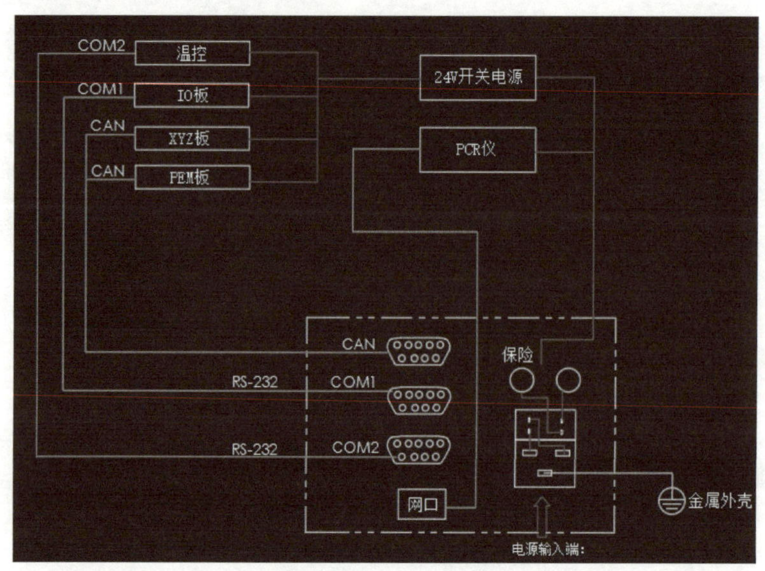

图 2-27　电路面板

2.5.2　仪器内部控制元件介绍

2.5.2.1　仪器背部空间

仪器背部空间如图 2-28 所示。

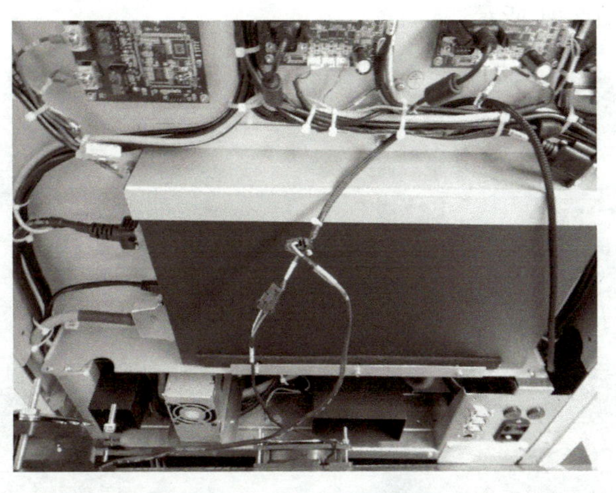

图 2-28　仪器背部空间

2.5.2.2　IO 板

IO 板是一种硬件组件，主要用于实现不同设备和系统的信息输入输出功能，对现代自动化系统和设备至关重要。IO 板的主要作用包括硬件初始化、信号采集与处理、数据传输与通信、控制外部设备一级数据的存储与处理。MGISP-100 系统的 IO 板如图 2-29 所示。

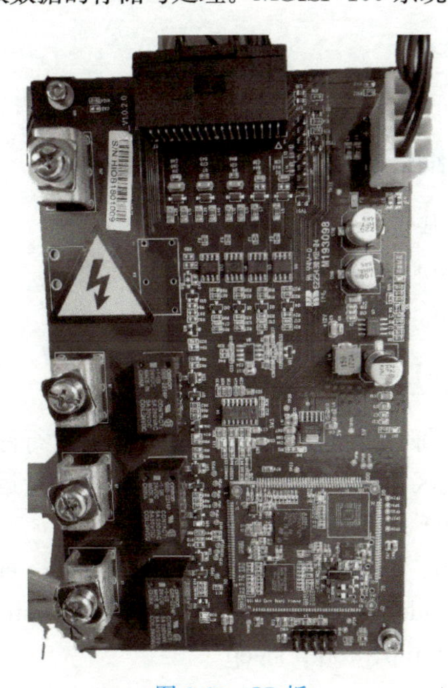

图 2-29　IO 板

2.5.2.3 三轴驱动板

三轴驱动板如图 2-30 所示。

2.5.2.4 PCR 控制器

PCR 控制器如图 2-31 所示。

图 2-30 三轴驱动板

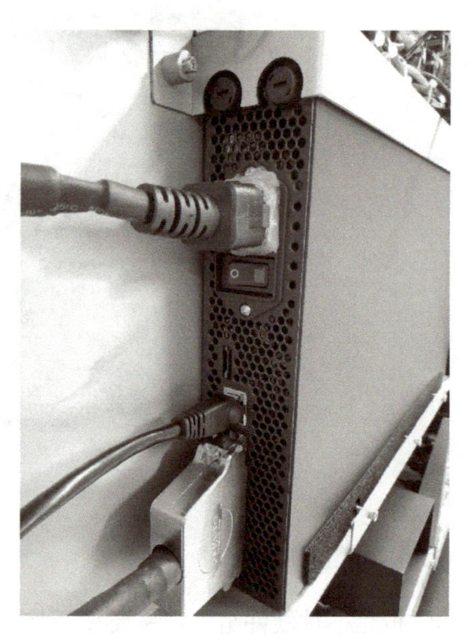

图 2-31 PCR 控制器

2.6 脚本及语句

2.6.1 脚本格式及编辑软件

脚本格式：. py 文本，基于 Python 语言。
编辑软件：建议使用 Notepad＋＋。
脚本界面如图 2-32 所示。

2.6.2 头部与主体

头部为固定脚本，放在每个脚本文件的最前端，不能自行修改。
主体为脚本真正的功能区，仪器根据主体部分的脚本进行运行。
主体的功能主要包括以下几部分：
1. 移液器控制：loadtip、unloadtip、aspirate、dispense、empty、mix
2. PCR 仪器控制：opendoor、closedoor、run method、stop heating
3. 温控模块控制：set temp、temp sleep
4. 磁力架控制：magnetic up、magnetic down

MGIEasy FS PCR-Free DNA Library Prep_cn.py

```
# -*- coding: utf-8 -*-

HUMMER = globals().get('Hummer')
if HUMMER is None:
    raise RuntimeError('Can\'t find Hummer in globals() ')
#from head import*
from spredo import *
init(HUMMER)

#######

"""
不要修改头部
"""



load_tips({'Module':'POS2','Well':'1H','Tips':1})#配置酶打断反应混合液
aspirate({'Module':'POS5','Well':'4A','BottomOffsetOfZ':0.5,'AspirateVolume':vol_compensate(90), 'PreAirVolume':vol_compensate(5),
            'AspirateRateOfP':20,'DelySeconds':'00:00:00:2'})
empty({'Module' : 'POS5', 'Well':'5A','BottomOffsetOfZ':3,'DispenseRateOfP':20,'DelySeconds':'00:00:00:0.5'})
for x in range(2):
    aspirate({'Module':'POS5','Well':'6A','BottomOffsetOfZ':0.5,'AspirateVolume':vol_compensate(90), 'PreAirVolume':vol_compensate(5),
                'AspirateRateOfP':20,'DelySeconds':'00:00:00:2'})
    empty({'Module' : 'POS5', 'Well':'5A', 'BottomOffsetOfZ':5+x*3 ,'DispenseRateOfP':20,'DelySeconds':'00:00:00:0.5'})
mix({'Module' : 'POS5', 'Well':'5A','SubMixLoopCounts':15,'BottomOffsetOfZ':0.8,'MixOffsetOfZInLoop':8,'MixOffsetOfZAfterLoop':8,
     'PreAirVolume':vol_compensate(10),'MixLoopVolume':vol_compensate(140),'DispenseVolumeAfterSubmixLoop':vol_compensate(10),
     'MixLoopAspirateRate':100,'MixLoopDispenseRate':100,'DispenseRateAfterSubmixLoop':20,'SubMixLoopCompletedDely':'00:00:02',"SecondRouteRate": 80.0})
unload_tips({'Module' : 'POS7', 'Well':'1B'})

```

图 2-32　脚本界面

5. IO 板控制
6. 逻辑控制：并行、变量、循环、条件、函数等
7. 弹窗：dialog、require
8. 其他：dely、report

2.6.3　扎吸头和退吸头

扎吸头和退吸头的指令如下：

load_tips ({'Module': 'POS2', 'Well':'1A','Tips':1})

load_tips ({'Module' : 'POS4', 'Col' : 1, 'Row' : 1,'Tips':8})

unload_tips ({'Module' : 'POS7', 'Well':'1A'})

指令中各关键词的释义如下：

Module：板位。MGISP-100 目前只有 POS2、POS4、POS9 可以扎取吸头。

Well：孔位（行 & 列）。位置编写有两种方式。

Tips：移液器使用模式。MGISP-100 目前可使用模式为 1/2/3/4/5/6/7/8。

孔位布局如图 2-33 所示。

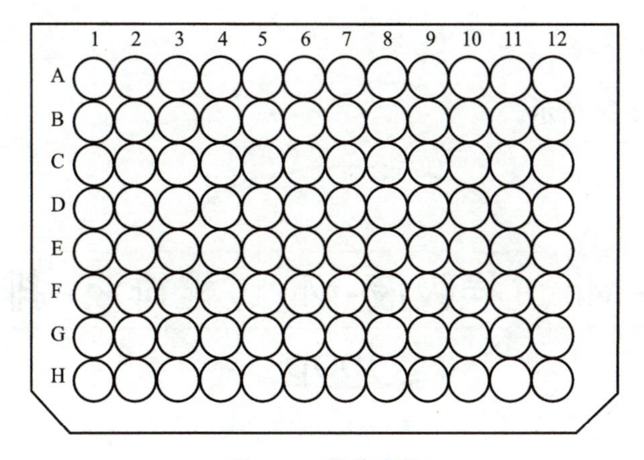

图 2-33　孔位布局

2.6.4 吸液与排液

吸液指令如下：

```
aspirate({'Module' :'POS5','Well':'3E','BottomOffsetOfZ':10,'AspirateVolume':vol_compensate(90),'PreAirVolume':vol_compensate(5),'PostAirVolume':vol_compensate(0),'AspirateRateOfP':50,'DelySeconds':'00:00:00:0.5','TipTouchOffsetOfX':1,'TipTouchHeight':5})
```

排液指令如下：

```
dispense({'Module' :'POS5','Well':'3E','BottomOffsetOfZ':10,'DispenseVolume':vol_compensate(5),'DispenseRateOfP':20,'DelySeconds':'00:00:00:0.5','TipTouchOffsetOfX':1,'TipTouchHeight':5})
```

注释：

BottomOffsetofZ：距离底部高/低，单位为 mm

AspirateVolume：吸液体积，单位为 μL

PreAirVolume/ PostAirVolume：前吸/后吸体积，单位为 μL

AspirateRateOfP：吸液速度，单位为 μL/s

DelySeconds：等待时间，单位为 s，500ms 的书写格式为‘00：00：00：0.5‘或者’0.5’

TipTouchOffsetOfX/TipTouchHeight：靠壁 X 位移/高度，单位为 mm

DispenseVolume：排液体积，单位为 μL

注意：

1. 高度可以设置为负数，没有限制。
2. 体积不能超过量程范围，量程范围为 0～200μL。
3. 移液器速度范围：0～250μL/s。

2.6.5 排空

排空指令如下：

```
empty({'Module' :'POS3','Col' :3,'Row' :1,'BottomOffsetOfZ':6,'DispenseRateOfP':20,'DelySeconds':'00:00:00:0.5', 'TipTouchOffsetOfX':1,'TipTouchHeight':5})
```

2.6.6 混匀

混匀过程如图 2-34 所示。

图 2-34 混匀过程

混匀指令如下：

```
mix({'Module' :'POS3','Col' :3,'Row' :1,'SubMixLoopCounts':8,'BottomOffsetOfZ':0.8,'MixOffsetOfZInLoop':7,'MixOffsetOfZAfterLoop':6,'PreAirVolume':vol_compensate(10),'MixLoopVolume':vol_compensate(60),'DispenseVolumeAfterSubmixLoop':vol_compensate(10),'MixLoopAspirateRate':100,'MixLoopDispenseRate':100 ,'DispenseRateAfterSubmixLoop':20,'SubMixLoopCompletedDely':'00:00:02',"SecondRouteRate": 80.0 ,'TipTouchOffsetOfX':1,'TipTouchHeight':5})
```

注释：

SubMixLoopCounts：混匀次数

BottomOffsetOfZ：混匀中吸液高度

MixOffsetOfZInLoop：混匀中排液高度

MixOffsetOfZAfterLoop：混匀完成后排空高度

MixLoopVolume：混匀体积

DispenseVolumeAfterSubmixLoop：混匀完成后排空体积

MixLoopAspirateRate：混匀吸液速度

MixLoopDispenseRate：混匀排液速度

DispenseRateAfterSubmixLoop：排空速度

SubMixLoopCompletedDely：混匀后等待时间

SecondRouteRate：Z 轴第二段速度

2.6.7　PCR 仪控制

PCR 仪控制指令如下：

```
pcr_open_door()          #打开 PCR 仪仓门
pcr_close_door()          #关闭 PCR 仪仓门
pcr_run_methods(method = 'PCR')          #运行 PCR 仪设置的程序
pcr_stop_heating()          #停止加热
```

2.6.8　温控模块控制

温控模块控制程序如下所示：

```
temp_set(50)          #设置具体温度值
temp_sleep()          #温控休眠
```

2.6.9　磁力架控制

磁力架控制程序如下所示：

```
magnetic_down(0,60)
0:磁力架回到原点；
60:磁力架回到原点后等待时间,单位为秒
magnetic_up(2.3,120)
2.3:磁力架上升高度,单位为 mm;
```

120:磁力架上升后等待时间,单位为秒。

2.6.10 其他

dely(180)　　#整机等待时间,单位为秒

report(phase = '纯化 2(2/4)', step = '去除废液(1/1)')　　#将 phase 和 step 上报到产品软件

home()　　#整机初始化

2.6.11 循环语句

for x in range(2):　　#循环 2 次

2.6.12 并行语句

```
def blockD():                    #定义函数 blockD
        pcr_close_door()

d = parallel_block(blockD)        #并行 blockD 函数
d.Wait()                         #等待并行执行完成
```

并行语句运行如图 2-35 所示。

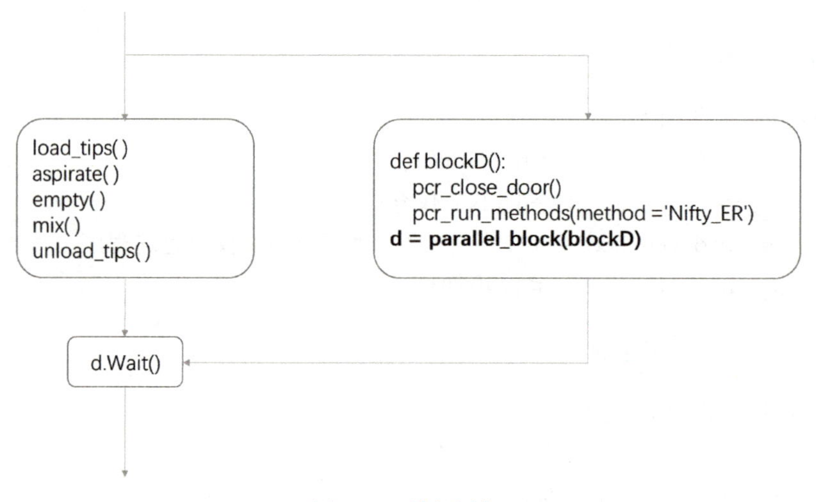

图 2-35　并行语句

2.6.13 条件语句

if (x==0):#条件 x=0 时，执行以下语句

2.6.14 弹窗语句

dialog ('Hello, world')　　#用于弹窗文本信息，让用户确认，如图 2-36 所示。

请确认以下信息:

00:00:03　关闭蜂鸣器

Hello, world

继续　中止

图 2-36　弹窗示意图

2.6.15　输入选择语句

result = require2({'1 描述:上班':['func1','func2']},{'name':['','名字'], 'sex':['','性别']})

选择语句界面如图 2-37 所示。

Require input

00:00:11　关闭蜂鸣器

Comment	Value
1描述:上班	func1 func2

Name	Value	Comment
name		名字
sex		性别

继续　中止

图 2-37　选择语句

习题

一、选择题

1. 以下哪个指令表示关闭 PCR 仪仓门？（　　）

A. pcr_open_door()　　B. pcr_close_door()

C. pcr_stop_door()　　D. pcr_stop_heating()

2. 指令 temp_set(50)是执行（　　）操作。

A. 设置具体温度值　　B. 温控休眠

C. 磁力架上升高度 50mm　　D. 设置加热时间

3. 用于控制电机的是 MGISP-100 上的哪个部件？（　　）

A. CAN 通信接口　　B. IO 通信接口

C. 电源开关　　D. 网络接口

二、简答题

简述 MGISP-100 自动化样本制备系统的仪器组成。

第3章 安装前准备工作

本章教学目标

1. 了解自动化样本制备系统安装对空间、环境、实验室等的要求。
2. 熟悉安装前的准备工作及注意事项。

3.1 空间及布局要求

自动化样本制备系统安装时应进行恰当的布局和摆放，以便进行后期的维护和操作。仪器后侧的电源线和总开关必须预留足够的空间，并且便于后期维修和保养。下面以 MGISP-100 为例，安装的空间及布局具体要求如下：

1. MGISP-100 的前方应至少有 1200mm 的空间，侧面和背面应至少有 700mm 的空间。

2. 实验台上方应至少有 1500mm 的空间。

3. 仪器距离地面的距离应小于 840mm。

4. 仪器距离电源插座的距离应小于 1500mm。

5. 仪器应远离振动源。

推荐的布局图如图 3-1 所示，图中布局和尺寸信息仅供参考，请勿用于实际安装。在实施任何步骤之前，需与相应设备的技术支持进行沟通以确认实际布局和尺寸。

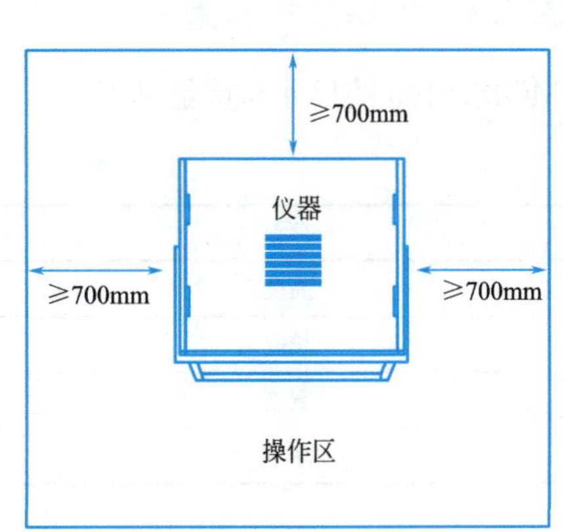

图 3-1 推荐布局图

3.2 环境要求

3.2.1 实验室温湿度、海拔和气压

实验室温湿度、海拔和气压等须符合表 3-1 要求。

实验室温度、湿度、气压等要求　　表 3-1

项目	要求
温度	19～25℃
相对湿度	20% RH～80% RH(无冷凝)
海拔	<2000m
气压	80～106kPa
额定污染等级	Ⅱ级

3.2.2 运输和储存环境要求

运输和储存环境须符合表 3-2 要求。

运输和储存环境要求　　表 3-2

项目	要求
温度	−20～50℃
相对湿度	15% RH～85% RH(无冷凝)

3.3 实验台要求

3.3.1 仪器尺寸和重量

MGISP-100 的尺寸和重量见表 3-3。

MGISP-100 的尺寸和重量　　表 3-3

项目	描述
高度	777mm
长度	780mm
宽度	725mm
净重	130kg

3.3.2 实验台尺寸与承重

自动化样本制备系统需要有实验台支撑，因此需要为仪器配备合适的实验台。以

MGISP-100 为例，推荐的实验台样式如图 3-2 所示，具体参数见表 3-4，实验台具体要求如下：

1. 具备 300kg 的承重能力。
2. 具备 4 或 6 个支撑脚。
3. 具有带锁脚轮以便于移动。
4. 无振动。
5. 适用于洁净室。
6. 可调式桌脚，用于调节水平。

图 3-2　推荐实验台样式

实验台要求的参数　　表 3-4

项目	描述
长度	1500mm
高度	800mm
宽度	800mm
承重	>300kg

3.4　电力要求

3.4.1　电压、频率和电流要求

仪器安装和运行时，需确保电压、频率和电流符合要求，否则可能会降低电子元件的性能。

3.4.2　用电要求

MGISP-100 具体的用电要求见表 3-5。

用电要求 表 3-5

项目	要求
交流电压	100～240VAC
频率	50/60Hz
接地电阻	＜4Ω
瞬时过载类别	Ⅱ

3.4.3 设备功率

MGISP-100 自动化样本制备系统相应的设备所需的功率见表 3-6。

设备功率 表 3-6

设备	功率
MGISP-100	1600VA
电脑主机	280W
显示器	14.5W

3.4.4 电源线及插座

电源模块及各种电源线把 220V 市电转换为计算机不同部分需要的不同电压，用不同的插头提供给计算机、仪器主机和显示器等部件。

3.4.4.1 电脑和显示器的电源线

电脑和显示器的电源线型号见表 3-7。

电脑和显示器的电源线 表 3-7

型号	数量	示例
10A 220V 国标三插电源线	2	

3.4.4.2 MGISP-100 的电源线

MGISP-100 电源线见表 3-8。

MGISP-100 电源线　表 3-8

类型	数量	示例
16A 220V 国标电源线	1	

3.5　电源要求

电源不符合要求以及电源故障是造成设备硬件故障的重要原因。为确保设备能够安全稳定运行，建议为每个设备配备单独的不间断电源（UPS）。

3.5.1　UPS 要求

以 MGISP-100 为例，UPS 所提供的功率应大于或等于 3000VA。UPS 安装时，应将设备的电源输入端口连接到 UPS 的输出端口。同时，为防止停电导致设备出现故障，并提供充足时间进行关机操作，建议添加一个能提供 60min 电力的不间断电源（UPS）。UPS 的具体参数要求见表 3-9。

UPS 的具体参数要求　表 3-9

项目	要求
输出电压	200～240VAC
输出频率	50/60Hz
输出功率	3000VA
运行时间	60 分钟

3.5.2　推荐的 UPS 型号

推荐的 UPS 型号见表 3-10 和图 3-3。

推荐的 UPS 型号　表 3-10

项目	品牌	型号
控制器	APC	SMART-UPS RT 3000
电池包	APC	SURT192XLBP

Controller front view
UPS正面

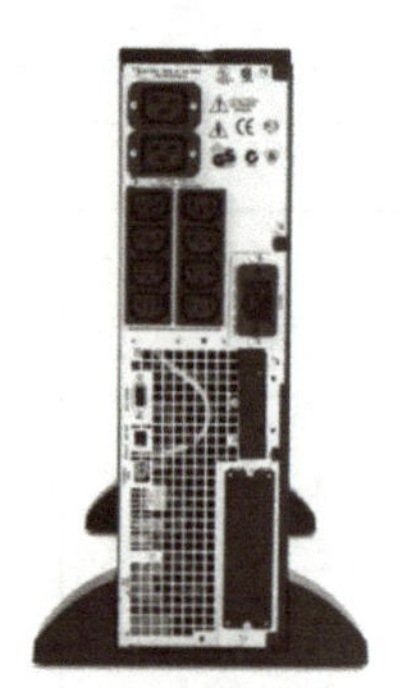

Controller back view
UPS背面

Battery pack
备用UPS

图 3-3　UPS 样式

3.6　网络要求

为保证 MGISP-100 的顺利运行和数据存储，该系统对网络有一定的要求，网络速度、网线、接口等要求见表 3-11。

网络速度、网线、接口等要求　　表 3-11

项目	描述	示例
网络速度	不低于 100Mbit/s	
网线要求	超五类或更高	
接口类型	RJ45	
接口数量	1	

3.6.1　计算机运行环境

1. 最低硬件配置

处理器：Intel Core i3

2. 软件环境

MGISP-100 所配计算机的预装软件包括：

（1）Microsoft Windows 10 64 位操作系统

（2）Microsoft .Net Framework 4.6.2 及以上

（3）控制软件

注意：本仪器仅可运行厂家预装的软件，非厂家预装的软件可能干扰仪器，导致仪器无法正常运行，不建议在 MGISP-100 上安装其他软件，如杀毒软件等。

3. 网络条件

（1）网络架构：C/S

（2）网络类型：局域网

（3）网络带宽：不低于100Mbit/s

3.6.2　计算机软件安全

计算机软件是计算机信息处理系统的核心，既是计算机安全控制的关键，又可成为危害计算机安全的手段。因此，在MGISP-100自动化样本制备系统使用时对数据与计算机接口、控制软件用户等有严格的要求，具体如下：

1. 数据与计算机接口

（1）PCIe接口×2：用于连接仪器与计算机的CAN卡和串口卡。

（2）网口×2：用于连接网络和PCR仪器。

（3）USB接口×4：用于连接键盘、鼠标或备用。

（4）DisplayPort（DP）接口：用于连接显示器。

2. 控制软件用户

仅厂商授权的用户可使用仪器的控制软件。

3.7　运输要求

3.7.1　接收地点

自动化样本制备系统（以MGISP-100为例）的接收地点必须和安装地点一致。接收区域必须足以容纳运输车辆，最好是MGISP-100所在实验室的建筑物的货物入口。入口必须足够宽以允许所有仪器模块能够搬运进入建筑物和实验室。建议入口宽度至少为1500mm。如果实验室不位于地面层，货梯大小、载重必须能容纳MGISP-100和叉车等运输工具。

3.7.2　仪器包装箱

入口、通道宽度、货梯承重的计算需根据包装的大小及仪器的总重量进行，具体数据见表3-12，包装盒示意图如3-4所示。

设备的大小及重量　表3-12

项目	描述
高度	1210mm
长度	970mm
宽度	890mm
带箱重量	230kg

图 3-4　包装盒示意图

3.7.3　仪器拆箱

仪器的开箱应由设备厂商的授权人员来操作，或在厂商授权人员的监督指导下进行。

3.7.4　仪器搬运

仪器使用方将自动化样本制备系统从接收地点搬运到实验室，建议入口和通道宽度大于 1200mm，并将仪器搬到实验台上。为此，需要准备一台脚宽可调节的升降叉车搬运仪器，其承重能力须大于 250kg。所有操作都必须在厂商授权人员的监督下进行。

3.8　耗材、样本和试剂准备

3.8.1　准备辅助设备

安装自动化样本制备系统之前，需搭配辅助设备，辅助设备可以是不同品牌或供应商，但功能类似的产品，表 3-13 所示的设备清单可供参考。

辅助设备采购清单　　表 3-13

设备名称	品牌	型号
漩涡震荡仪	一般供应商	N/A
微型离心机	一般供应商	N/A
荧光定量仪	Thermo Fisher	Qubit 2.0/3.0/4.0
4℃冰箱	一般供应商	N/A

续表

设备名称	品牌	型号
−20℃冰箱	一般供应商	N/A
−80℃冰箱	一般供应商	N/A
废料袋	一般供应商	加厚，380mm×320mm
超纯水仪	一般供应商	N/A
移液器	一般供应商	包括以下量程： 0.1～2.5μL 0.5～10μL 2～20μL 10～100μL 20～200μL 100～1000μL

3.8.2　准备实验室耗材

安装调试和日常使用的耗材需要提前准备，表3-14展示所需的耗材清单，在实际使用过程中，耗材的需求可能会有所变化，以实际需求为准。

实验室耗材清单　表3-14

设备名称	品牌	型号
Qubit™ ssDNA Assay Kit	Thermo Fisher	Q32854
Qubit™ Assay Tubes	Thermo Fisher	Q32856
1.5mL or 2mL 离心管	Thermo Fisher	Qubit 2.0/3.0/4.0
10μL 移液枪头	Axygen	T-300-R-S
200μL 移液枪头	Axygen	T-200-Y-R-S
1000μL 移液枪头	Axygen	T-1000-B-R-S
无水乙醇	一般供应商	N/A

3.9　废弃物处理

3.9.1　液体化学废弃物

在设备使用过程中会产生很多废弃物，其中液体化学废弃物必须存放在有标签的废液桶中，并依照当地法律法规及相应单位的安全标准妥善处理。

3.9.2　生物危险废弃物

生物危险废弃物必须存放在有标签的生物危险废物容器中，并依照当地法律法规及相应单位的安全标准妥善处理。

3.9.3 固体化学废弃物

固体化学废弃物必须存放在有标签的固体废物容器中，并依照当地法律法规及相应单位的安全标准妥善处理。

习题

一、选择题

1. 以下关于UPS电源说法错误的是（　　）。

A. UPS电源的实际功率会因型号和配置的不同而有所差异

B. UPS的主要功能是在市电发生故障（断供或异常）时，以确保设备仍有交流电，保证设备的正常运转

C. UPS安装时，应将设备的电源输出端口连接到UPS的输入端口

D. MGISP-100使用时，建议添加一个能提供60分钟电力的不间断电源（UPS）

2. MGISP-100对接地电阻的要求是（　　）。

A. 小于1Ω　　B. 小于2Ω　　C. 小于3Ω　　D. 小于4Ω

第4章 自动化样本制备系统安装与调试

本章教学目标

1. 了解开箱前应进行的检查与校准工作。
2. 熟悉板位位置学习的方法及标准。
3. 熟悉功能模块调试的方法及标准。

4.1 检查与校准

4.1.1 装运标识检查

检查安装在板条箱两侧的倾斜和冲击传感器。如果传感器变为红色，按图4-1所示标签上的说明进行操作，并联系相应已授权且培训合格的技术支持。

图4-1 装运标识及说明（一）

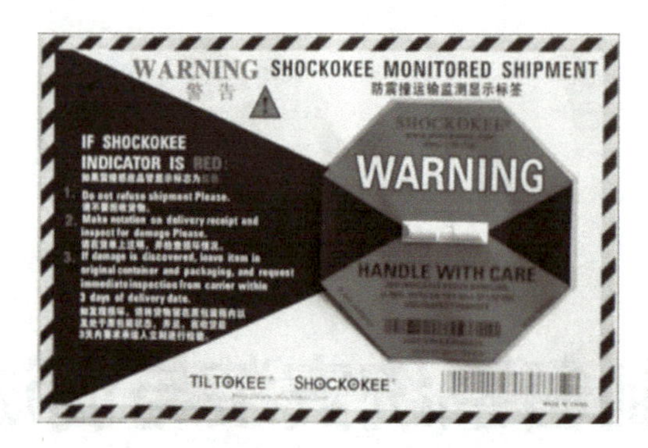

图 4-1　装运标识及说明（二）

4.1.2　工作台调平

设备在安装时，需将工作台进行调平。首先在工作台面放一个气泡水平仪。确认气泡位于中心位置（倾斜度≤1°）。如果气泡不在中心位置，调整工作台使其与地面保持水平（图 4-2）。

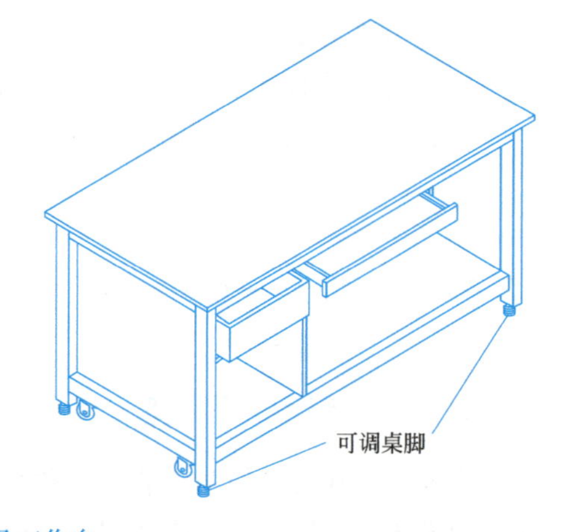

图 4-2　气泡水平仪及工作台

4.1.3　拆箱和设备上桌

1. 打开箱子的锁扣，移除上盖板、侧板和泡棉（图 4-3）。
2. 移除固定左右侧板的 2 颗固定螺栓，移除机器左右侧盖板（图 4-4）。
3. 在仪器两侧安装搬运把手，并将仪器搬到实验台面（图 4-5）。

注意：除了把手，在搬运的过程中，其他盖板均不能受力，否则可能会损坏盖板。

4.1.4　仪器水平调节

打开视窗，把气泡水平仪放置在 POS4 的位置。确认气泡是否在中间。如果不在，需调节仪器的地脚（图 4-6）。

图 4-3　设备盖板等拆卸

图 4-4　拆卸侧板固定螺丝

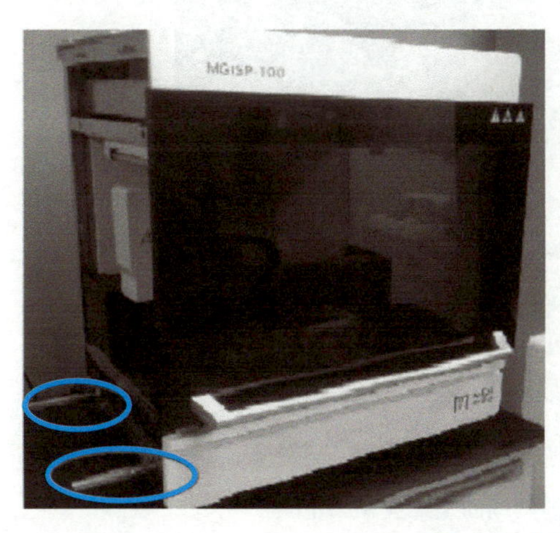

图 4-5　安装搬运把手

图 4-6　仪器水平调节

4.1.5　运输固定块和保护膜移除

1. 去除机器的所有保护膜。
2. 移除固定 X 轴的两颗固定螺栓和固定块（图 4-7）。

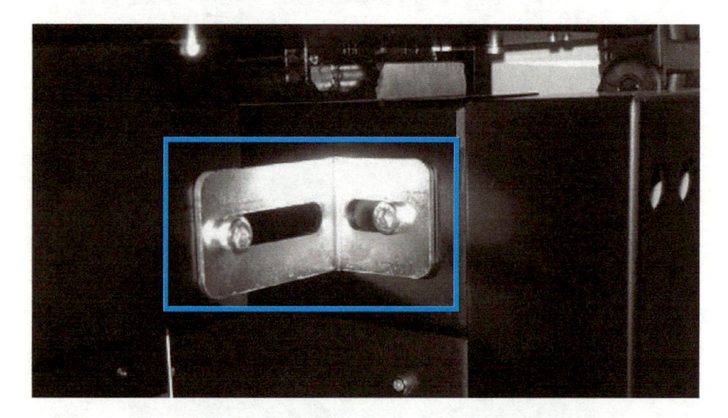

图 4-7　移除固定 X 轴的两颗固定螺栓和固定块

3. 移除固定 Y 轴的两颗固定螺栓和固定块（图 4-8）。

图 4-8　移除固定 Y 轴的两颗固定螺栓和固定块

4.1.6　线缆连接

1. 用 CAN 线连接电脑和机器的 CAN 口（图 4-9）。

图 4-9　CAN 线

2. 用多串口线连接设备的 IO、TC 接口和电脑的多串口。COM1 连接到 IO 接口，COM2 连接到 TC 接口。

3. 用网线连接设备的 WLAN 接口和电脑的网络接口。

4. 用 DP 线连接电脑主机和显示器，把鼠标和键盘连到电脑主机上。

5. 连接机器，电脑和显示器的电源线（图 4-10）。

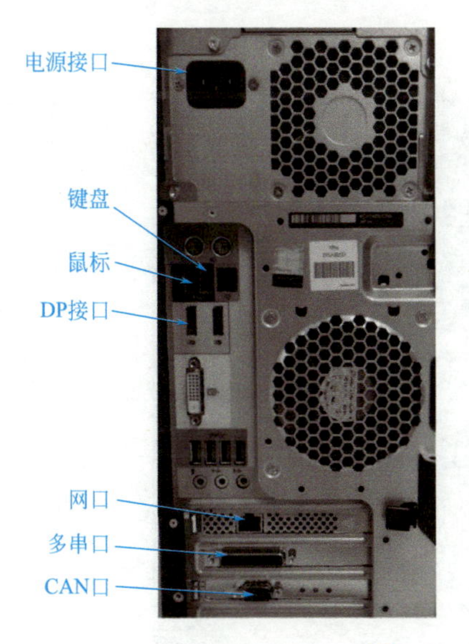

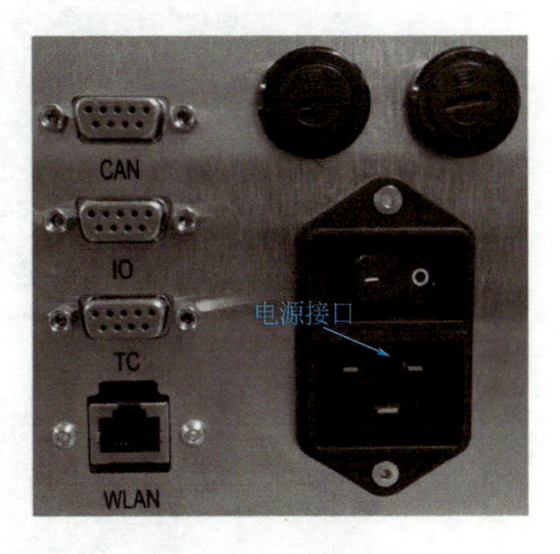

图 4-10　线缆连接

注意：电脑有三个网络端口。如果不确定电脑是接哪个端口，可在打开电脑后，在路径 C：\ MGISP-100 \ Engineer \ Config 打开 ODTC 配置文件，查看当前端口的 IP 是否和 ODTC 配置文件中的 PCAddr 对应。通常情况下另一个网口的 IP 地址是空的（图 4-11）。

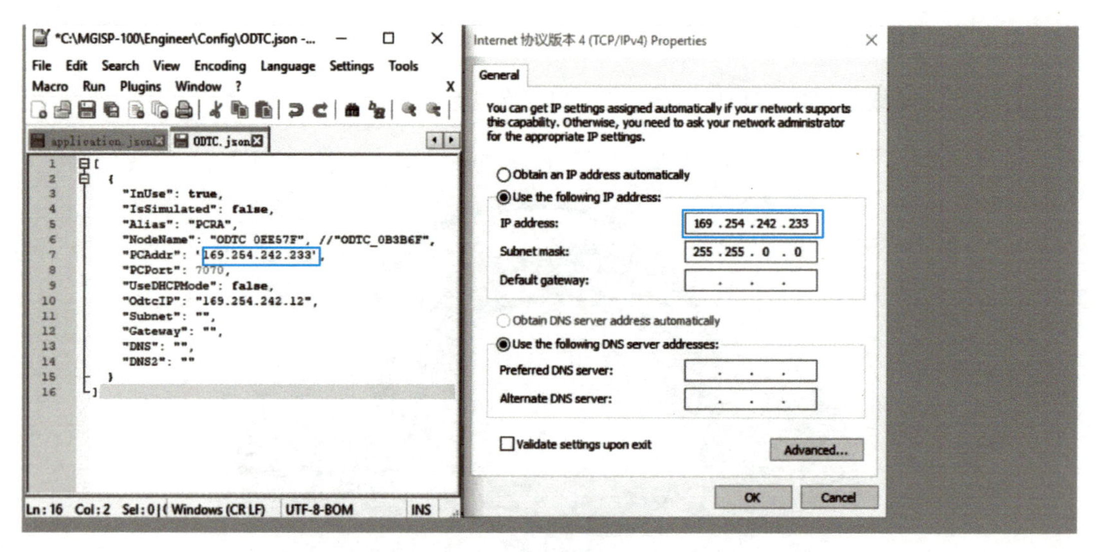

图 4-11 确定电脑连接端口

4.1.7 设备上电

1. 按下计算机电源键，并将仪器电源按钮拨至“▌”位置。如果机器带有 PCR，机器开启 1 分钟后再启动软件。

2. 仪器通电后，状态灯为蓝色。

3. PCR 的门会自动打开。

4. 移除 PCR 内部的黄色泡棉（图 4-12）。

图 4-12 移除 PCR 内部的黄色泡棉

4.1.8　布局

1. 总台面布局

总台面布局如图 4-13 所示。

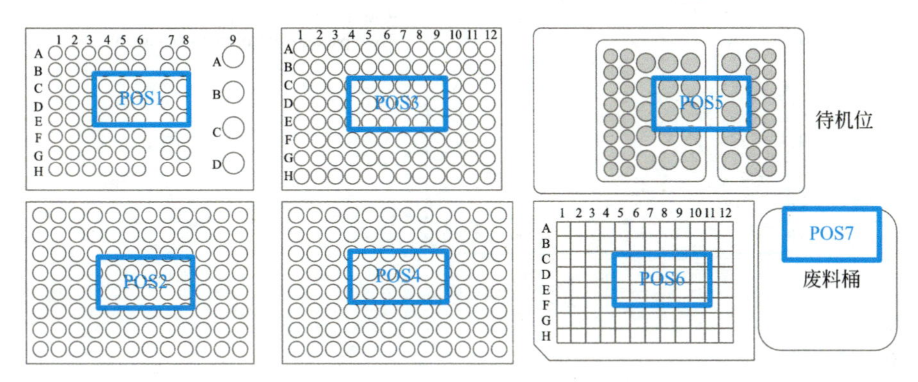

图 4-13　总台面布局

2. POS1 布局

POS1 布局如图 4-14 所示。

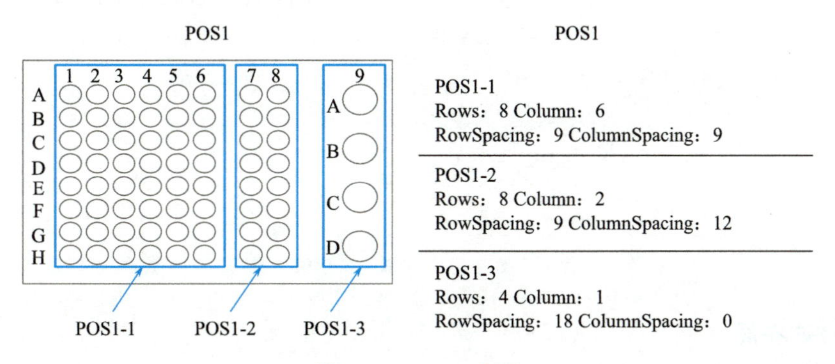

图 4-14　POS1 布局

3. POS2 布局

POS2 布局如图 4-15 所示。

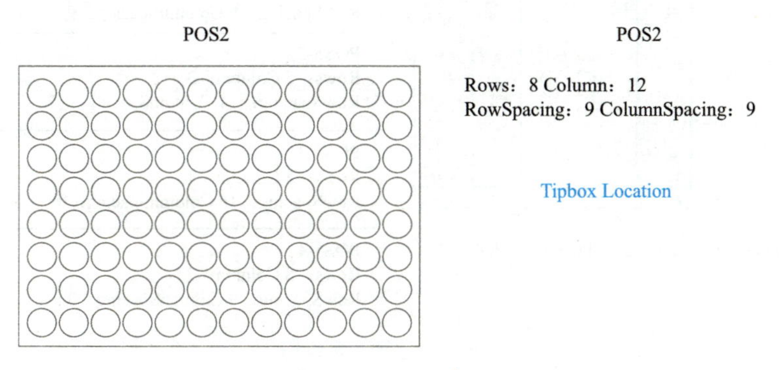

图 4-15　POS2 布局

4. POS3 布局

POS3 布局如图 4-16 所示。

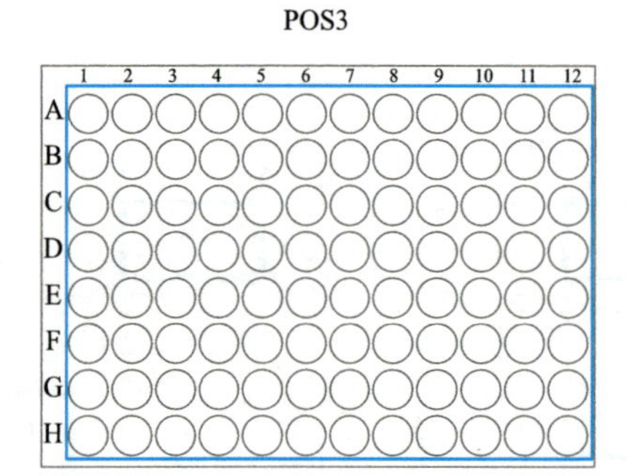

POS3

Rows：8 Column：12
RowSpacing：9 ColumnSpacing：9

图 4-16　POS3 布局

5. POS4 布局

POS4 布局如图 4-17 所示。

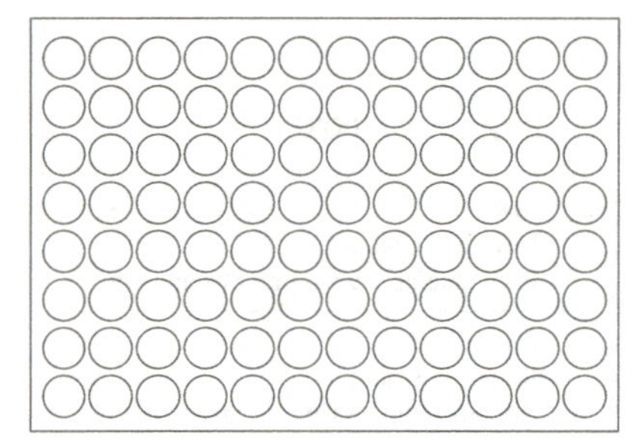

POS4

Rows：8 Column：12
RowSpacing：9 ColumnSpacing：9

Tipbox Location

图 4-17　POS4 布局

6. POS5 布局

POS5 布局如图 4-18 所示。

POS5

POS 5-1　POS 5-2　POS 5-3　POS 5-4

POS5

POS5-1
Rows：8 Column：2
RowSpacing：9 ColumnSpacing：9

POS5-2
Rows：5 Column：3
RowSpacing：14 ColumnSpacing：17

POS5-3
Rows：5 Column：1
RowSpacing：14 ColumnSpacing：0

POS5-4
Rows：8 Column：2
RowSpacing：9 ColumnSpacing：9

图 4-18　POS5 布局

7. POS6 布局

POS6 布局如图 4-19 所示。

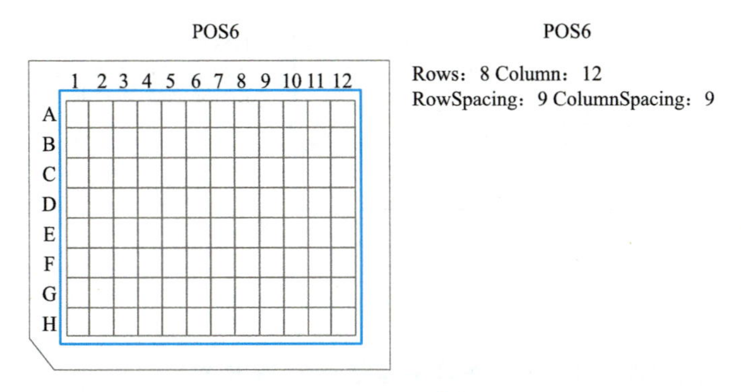

图 4-19　POS6 布局

8. POS7 布局

POS7 布局如图 4-20 所示。

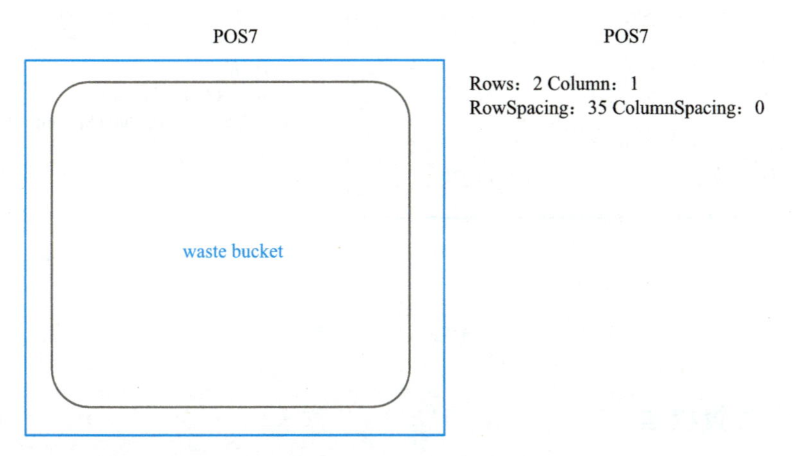

图 4-20　POS7 布局

9. POS9 布局（移除 POS1 的样本支架，放置吸头盒在 POS1 上面）

POS9 布局如图 4-21 所示。

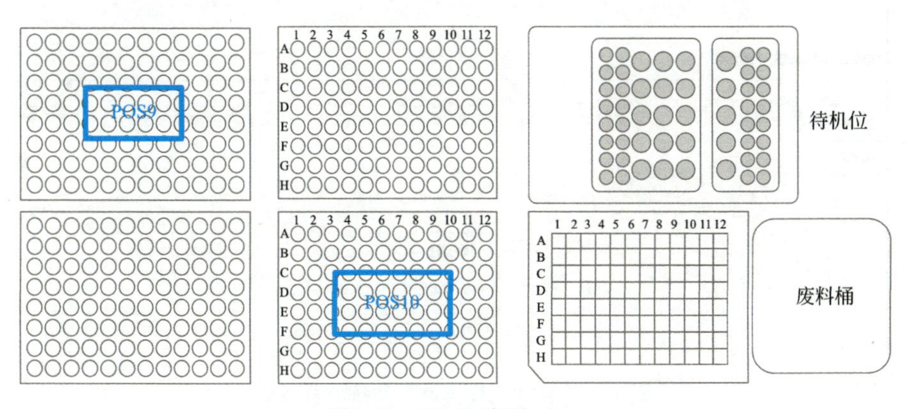

图 4-21　POS9 布局（一）

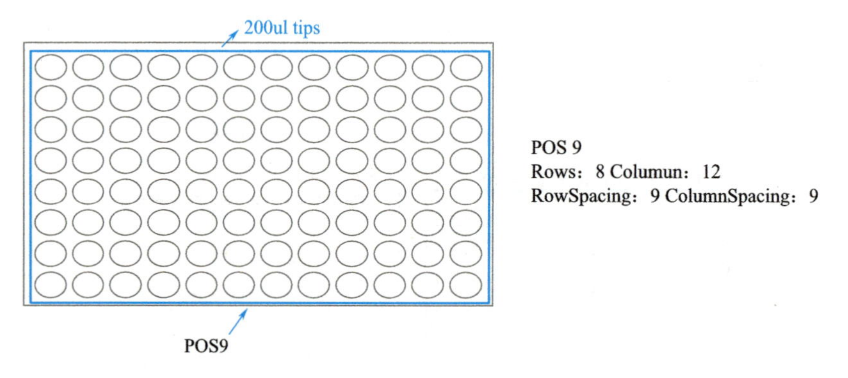

图 4-21 POS9 布局（二）

10. POS10 布局（原 POS4，移除吸头盒放一个 PCR 板）

POS10 布局如图 4-22 所示。

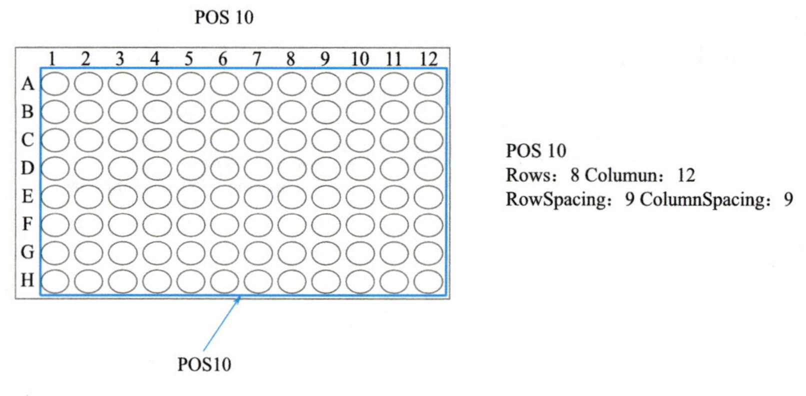

图 4-22 POS10 布局

4.1.9 位置校准

位置校准之前需先备份初始 Config 文件夹，如果调试过程出现问题，还原 Config 文件。

1. 打开自动化样本制备系统软件，选择“Real”模式，然后点击“创建”（图 4-23）。

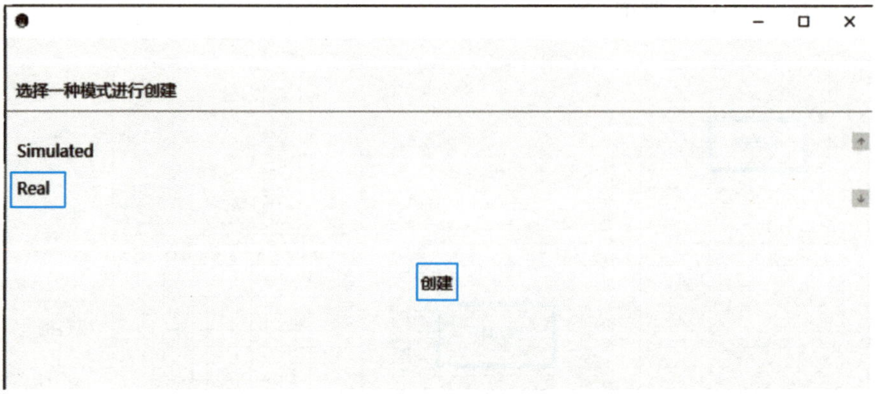

选择一种模式进行创建

Simulated

Real

创建

图 4-23 自动化样本制备系统软件界面

2. 输入密码并点击“验证”按钮进行身份认证（图 4-24）。

图 4-24　身份认证

3. 点击“初始化”并等待初始化成功（图 4-25）。

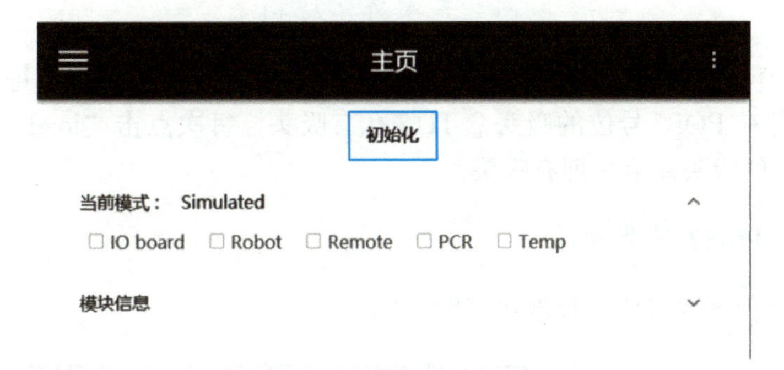

图 4-25　初始化

4. 点击软件左上角的“菜单”按钮，选择“位置学习”界面（图 4-26 和图 4-27）。

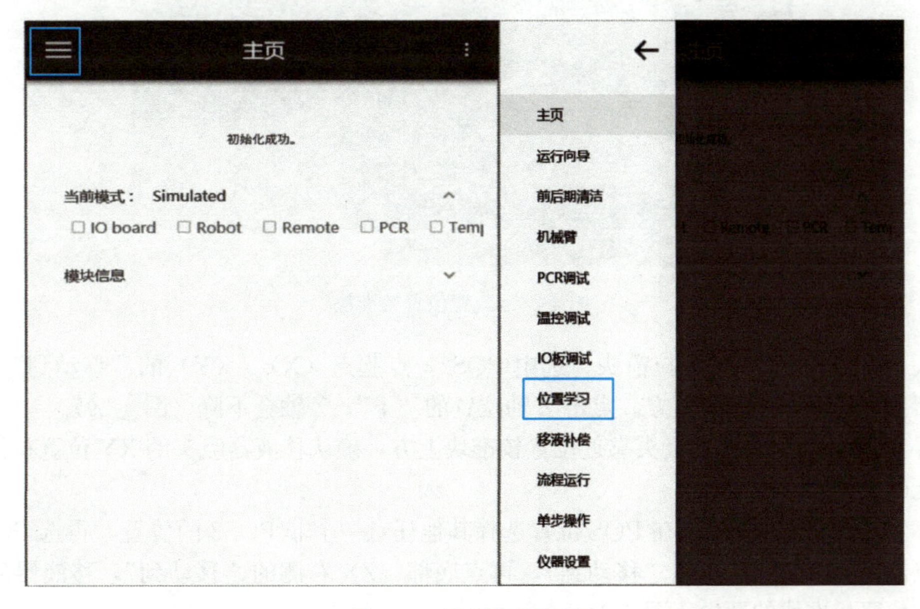

图 4-26　选择位置学习

位置学习

-位置参数调试-　导入　导出　全部复位　load 1 tip　load 8 tips　unloadtips

—模块—

Pos:

起点(X): 0　起点(Y): 0　移动到　X轴位置(脉冲): 0　步进(mm) 1　左　右

底部(Z): 0　移动到　Y轴位置(脉冲): 0　步进(mm) 1　里　外

保存　Z轴位置(脉冲): 0　步进(mm) 1　上　下

复位

—磁力架—

磁力架偏移: 13　移动到　M轴位置(脉冲): 0　步进(mm) 1　上　下

保存　复位

—退料板—

退料板(E): 0　移动到　E轴位置(脉冲): 0　步进(mm) 1　上　下

保存　复位

* 保存后，重启软件生效。

图 4-27　位置学习界面

注意：每个位置校准只校准第一列（8 通道）或第一个（单通道）。每次点击“load 1 tip”之前，确保在 POS2 号位的吸头盒 H12 孔有吸头。每次点击“load 8 tip”之前，确保在 POS2 号位的吸头盒第一列有吸头。

4.1.9.1　POS2 位置校准

1. 在 POS2 位置放置位置校准块（图 4-28）。

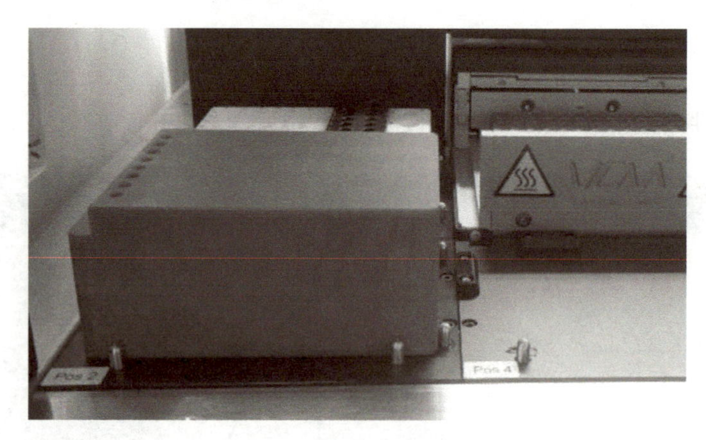

图 4-28　放置位置校准块

2. 在 POS 位置点击下拉箭头，选中 POS2。点起点（X）/（Y）的“移动到”按钮，移液器会移动到 POS2 的上方。点击 Z 轴位置的“下”，Z 轴会下降（图 4-29）。

3. 下降 Z 轴至移液器吸头靠近位置校准块上方，确认移液器吸头的 XY 位置在位置校准块孔的正中心（图 4-30）。

4. 点击“全部复位”，在 POS 位置选择其他任意一个非 POS2 的位置，再选 POS2 位置，点击起点（X/Y）右侧“移动到”，再点底部（Z）右侧的“移动到”，移液器的吸头会扎入位置校准块的孔中（图 4-31）。

位置学习

-位置参数调试-　导入　导出　全部复位　load 1 tip　load 8 tips　unloadtips

—模块—

Pos: POS2 ❶		❷	X轴位置(脉冲): 0	步进(mm) 1	左	右
起点(X): 3042	起点(Y): 39776	移动到	Y轴位置(脉冲): 0	步进(mm) 1	里	外
底部(Z): 177575		移动到	Z轴位置(脉冲): 0	步进(mm) 1	上	❸ 下
		保存			复位	

—磁力架—

磁力架偏移: 13	移动到	M轴位置(脉冲): 0	步进(mm) 1	上	下
	保存			复位	

—退料板—

退料板(E): 110000	移动到	E轴位置(脉冲): 0	步进(mm) 1	上	下
	保存			复位	

* 保存后，重启软件生效。

图 4-29　POS2 位置参数调试

图 4-30　移液器吸头的 XY 位置确认

图 4-31　移液器吸头位置校准

5. 8 个通道均不能通过 0.1mm 塞尺为合格（图 4-32）。

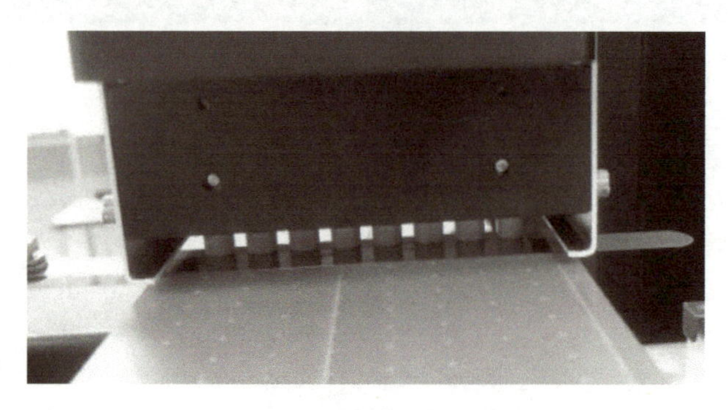

图 4-32　通道距离测试

6. 如位置有偏差，需调节后保存位置重启后生效。

7. 点击“全部复位”，重选 POS2，移除位置校准块放置吸头盒。确认移液器吸头的 XY 位置在第一列吸头正上方（图 4-33 和图 4-34）。

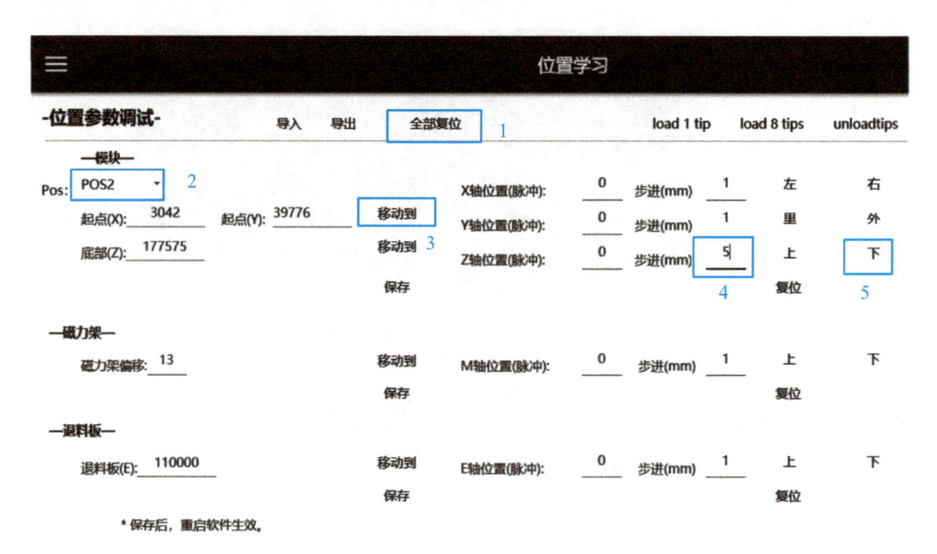

图 4-33　校准块移除后的位置学习参数调试

图 4-34　移液器吸头的 XY 位置对准第一列吸头

8. 点击“全部复位”。

4.1.9.2　POS4 位置校准

请参考 4.1.9.1 节“POS2 位置校准”的位置校准方法。

4.1.9.3　POS1-1 位置校准

1. 在 POS2 放置一盒吸头，在 POS1 放置试剂管支架，POS1-1 位置第一列放置 8 联管（图 4-35）。

2. 点击“Unloadtips”确认移液器上没有吸头，点击“load 8 tips”，移液器会在 POS2 位置的第一列扎 8 个吸头（图 4-36）。

3. 在位置校准界面选择 POS1-1，点击原点（X）/（Y）右侧的“移动到”按钮，然后点击（Z）底部右侧的“移动到”按钮（图 4-37）。

4. 移液器会移动到 POS1-1 的位置，调节吸头的 XY 位置在 POS1-1 的正中间，吸头底部和 8 联管底部的间隙在 0～0.1mm。

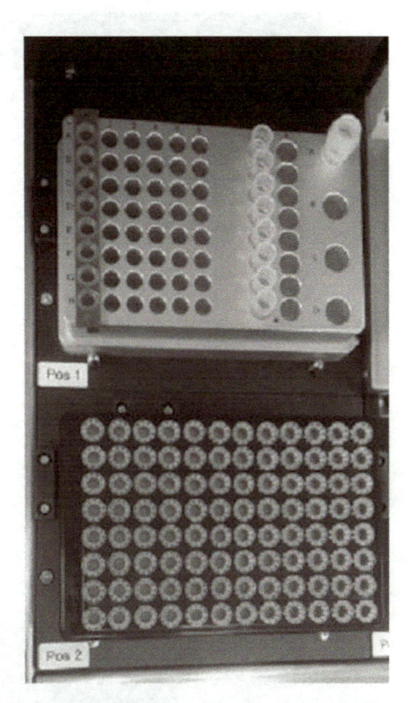

图 4-35　POS1-1 位置放置 8 联管

位置学习
-位置参数调试-　导入　导出　全部复位　load 1 tip　load 8 tips　unloadtips
2　1
—模块—
Pos: POS2　X轴位置(脉冲): 0　步进(mm) 1　左　右
起点(X): 3042　起点(Y): 39776　移动到　Y轴位置(脉冲): 0　步进(mm) 1　里　外
底部(Z): 177575　移动到　Z轴位置(脉冲): 0　步进(mm) 5　上　下
保存　复位
—磁力架—
磁力架偏移: 13　移动到　M轴位置(脉冲): 0　步进(mm) 1　上　下
保存　复位
—退料板—
退料板(E): 110000　移动到　E轴位置(脉冲): 0　步进(mm) 1　上　下
保存　复位
* 保存后，重启软件生效。

图 4-36　吸头摆放步骤

5. 如位置有偏差，需调节后保存生效。

6. 点击“unloadtips”，退出吸头。

4.1.9.4　POS1-2 位置校准

在位置 POS1-2 放置 8 个 0.5mL 的血浆样品管测试（图 4-38）。具体的测试方法参照 4.1.9.3 节“POS1-1 位置校准”。

位置学习

-位置参数调试- 导入 导出 全部复位 load 1 tip load 8 tips unloadtips

—模块—

Pos: POS1-1 ❶

起点(X): 2582 起点(Y): 2990 移动到 ❷ X轴位置(脉冲): 0 步进(mm) 1 左 右

底部(Z): 145522 移动到 ❸ Y轴位置(脉冲): 0 步进(mm) 1 里 外

Z轴位置(脉冲): 0 步进(mm) 5 上 下

保存 复位

—磁力架—

磁力架偏移: 13 移动到 M轴位置(脉冲): 0 步进(mm) 1 上 下

保存 复位

—退料板—

退料板(E): 110000 移动到 E轴位置(脉冲): 0 步进(mm) 1 上 下

保存 复位

* 保存后，重启软件生效。

图 4-37 移动移液器至 POS1-1 的操作

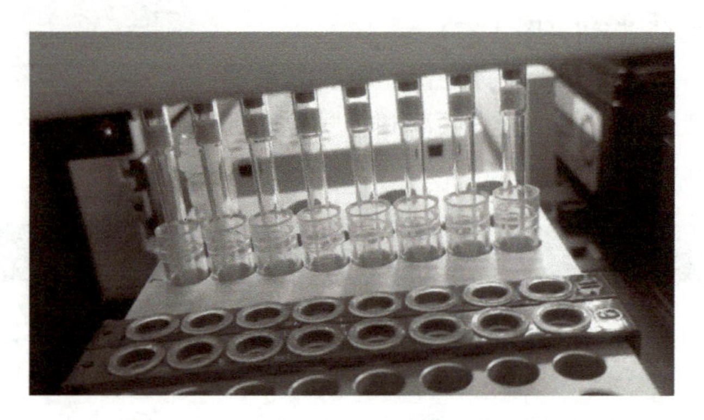

图 4-38 POS1-2 放置 8 个样品管示意图

4.1.9.5 POS1-3 位置校准

1. 在 POS1-3 的孔 A 放置一个 0.5mL 的冻存管，点击“unloadtips”确保移液器没有一次性吸头。

2. 点击“load 1 tip”，移液器会在 POS2 的 H12 孔扎取一个吸头（图 4-39）。

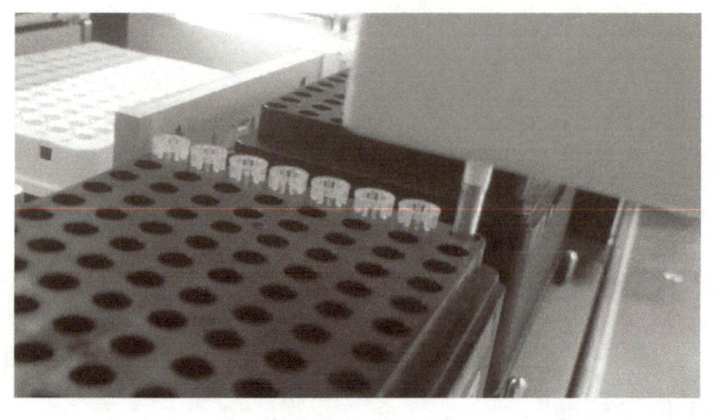

图 4-39 移液器扎取 H12 吸头示意图

3. 在位置学习界面选择 POS1-3，点击起点（X/Y）右侧“移动到”，再点击底部（Z）右侧的“移动到”。移液器会移动到 POS1-3 的位置，调节吸头的 XY 位置在 POS1-3 的正中间，吸头底部和 0.5mL 冻存管的间隙在 0～0.1mm（图 4-40）。

位置学习

-位置参数调试-　导入　导出　全部复位　load 1 tip　load 8 tips　unloadtips

—模块—

Pos: POS1-3 ❶　X轴位置(脉冲): 0　步进(mm) 1　左　右

起点(X): 24127　起点(Y): 2990　移动到 ❷　Y轴位置(脉冲): 0　步进(mm) 1　里　外

底部(Z): 123154　移动到 ❸　Z轴位置(脉冲): 0　步进(mm) 5　上　下

保存　复位

—磁力架—

磁力架偏移: 13　移动到　M轴位置(脉冲): 0　步进(mm) 1　上　下

保存　复位

—退料板—

退料板(E): 110000　移动到　E轴位置(脉冲): 0　步进(mm) 1　上　下

保存　复位

* 保存后，重启软件生效。

图 4-40　移动移液器至 POS1-3 的操作

4. 如果位置有偏差，调节后点击保存。

5. 点击“unloadtips”，退出吸头。

4.1.9.6　POS3 位置校准

在位置 POS3 放置 1 个 PCR 板测试，测试方法请参照 4.1.9.3 节“POS1-1 位置校准”（图 4-41）。

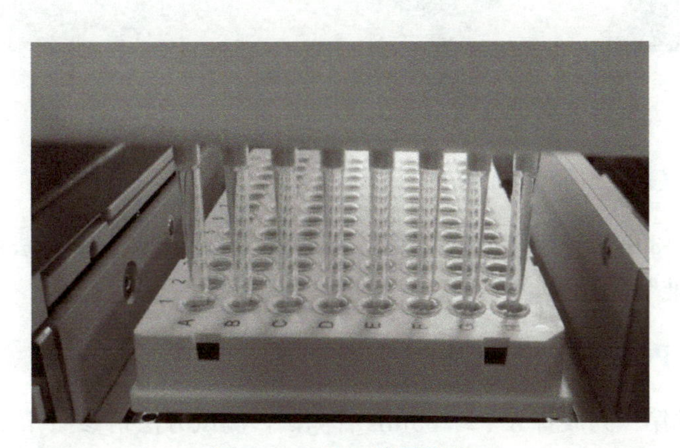

图 4-41　POS3 位置校准

4.1.9.7　POS5-1 位置校准

在位置 POS5-1 放置 1 个 8 联管测试，测试方法请参照 4.1.9.3 节“POS1-1 位置校准”（图 4-42）。

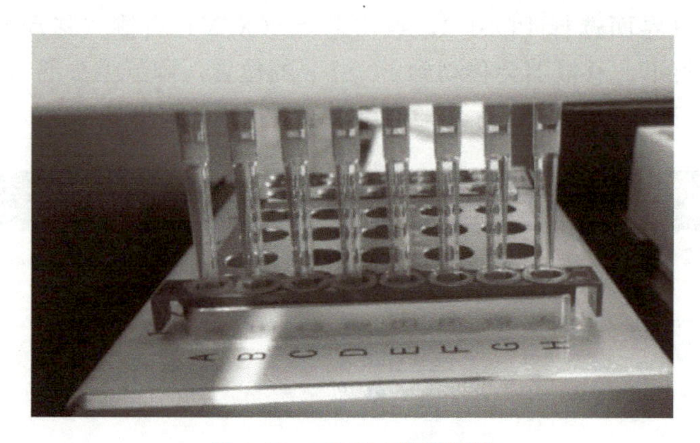

图 4-42 POS5-1 位置校准

4.1.9.8 POS5-2 位置校准

在位置 POS5-2 的第一个孔放置 1 个 0.5mL 冻存管测试，测试方法请参照 4.1.9.5 节“POS1-3 位置校准”(图 4-43)。

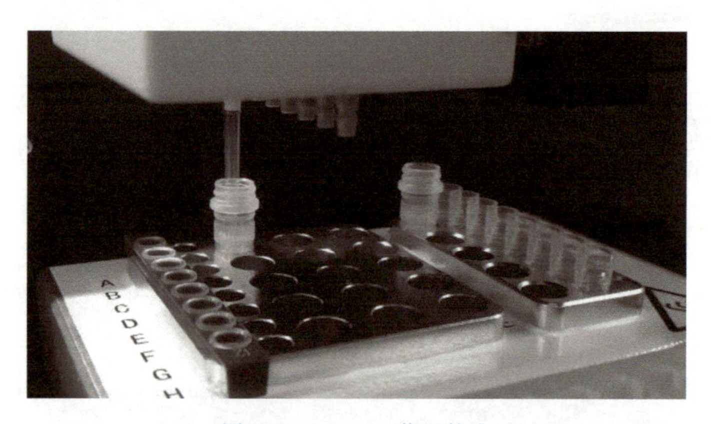

图 4-43 POS5-2 位置校准

4.1.9.9 POS5-3 位置校准

在位置 POS5-3 的第一个孔放置 1 个 0.5mL 冻存管测试，测试方法请参照 4.1.9.5 节“POS1-3 位置校准”(图 4-44)。

4.1.9.10 POS5-4 位置校准

在 POS5-4 的第一列放置 8 个 0.65mL 管测试，测试方法请参照 4.1.9.3 节“POS1-1 位置校准”(图 4-45)。

4.1.9.11 POS6 位置校准

在 POS6 放置 1 个 96 孔深孔板测试，测试方法请参照 4.1.9.3 节“POS1-1 位置校准”(图 4-46)。

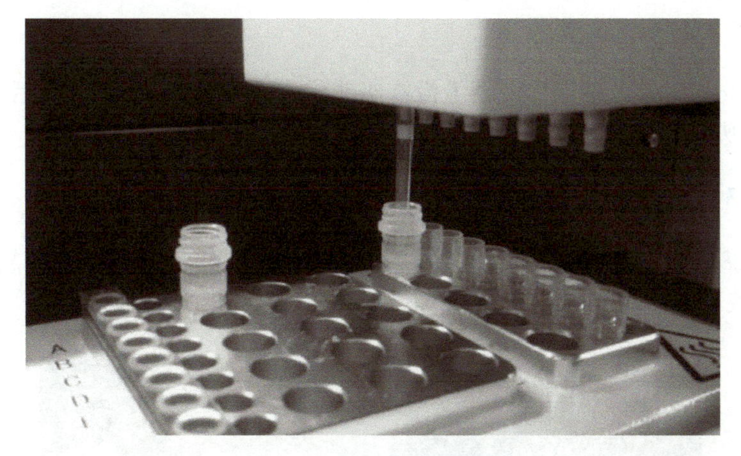

图 4-44　POS5-3 位置校准

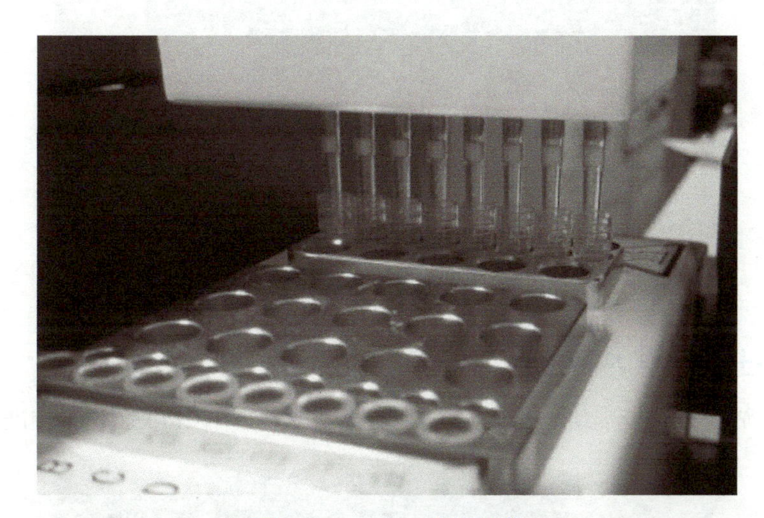

图 4-45　POS5-4 位置校准

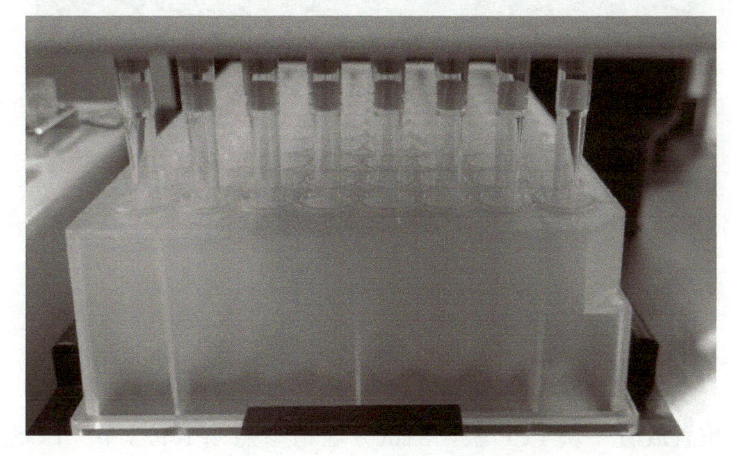

图 4-46　POS6 位置校准

4.1.9.12 POS7 位置校准

点击“unloadtips”，确保移液器上没有吸头，点击“load 1 tip”，随后移动到 POS7，移液器下降到废料桶处卸下吸头。

4.1.9.13 POS8 位置校准

选择 POS8，点击起点（X/Y）右侧的“移动到”，再点击底部（Z）右侧的“移动到”。此时移液器会移动到 POS5 右侧，不影响台面耗材和试剂的摆放即可（图 4-47）。

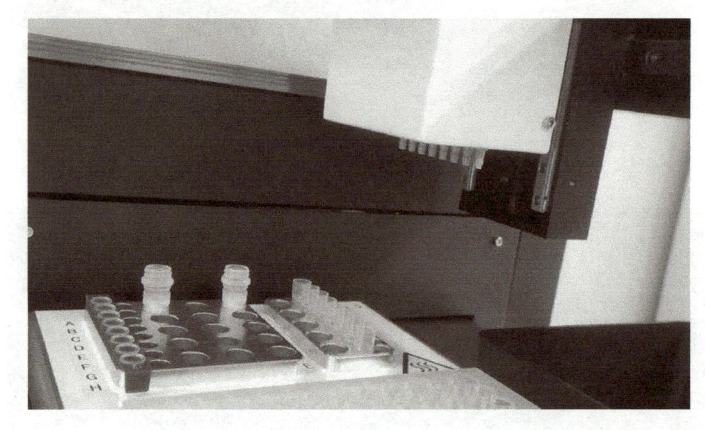

图 4-47 移液器会移动到 POS5 右侧示意图

4.1.9.14 POS9 位置校准

在 POS9 放置位置校准块。测试方法请参照 4.1.9.1 节“POS2 位置校准”（图 4-48）。

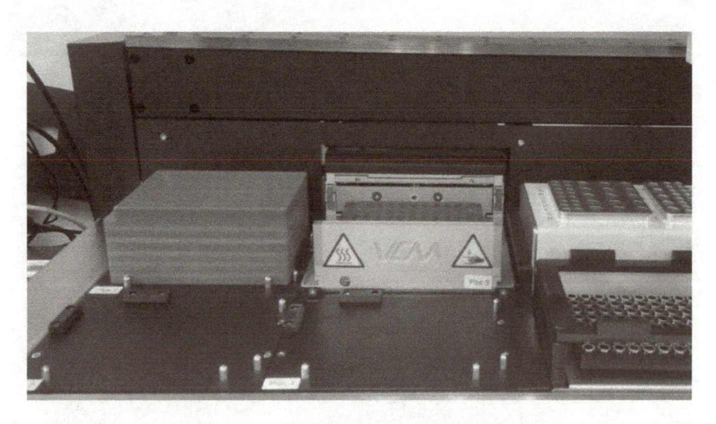

图 4-48 放置校准块至 POS9 位置

4.1.9.15 POS10 位置校准

在 POS10 位置放置一块 PCR 板，测试方法请参照 4.1.9.3 节“POS1-1 位置校准”（图 4-49）。

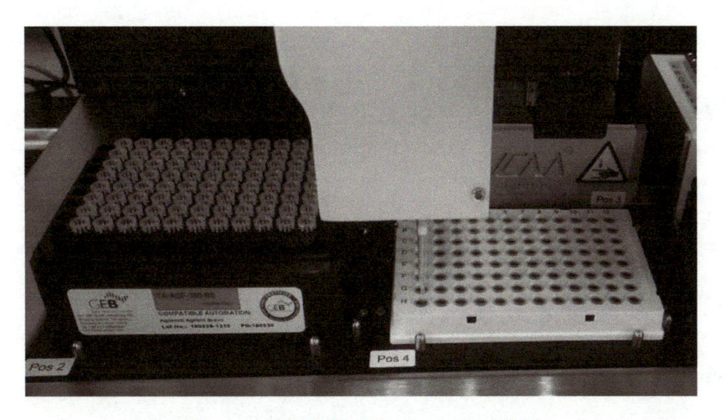

图 4-49　放置校准块至 POS10 位置

4.1.9.16　磁力架验证

1. 在 POS6 放置 1 块深孔板（图 4-50）。

图 4-50　深孔板放置

2. 在位置学习界面的磁力架模块点击“复位”（图 4-51）。

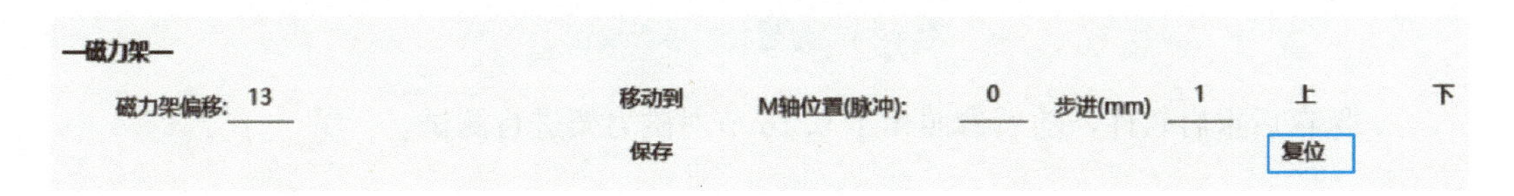

图 4-51　磁力架模块复位

3. 点击磁力架偏移右边的“移动到”。

4. 再把步进设置为 2.3，点击“上”（图 4-52）。

5. 此时若磁力架不会顶起深孔板，则为正常。若磁力架顶起深孔板，需要重新校准。重新校准步骤参考第 4.1.9.17 节。

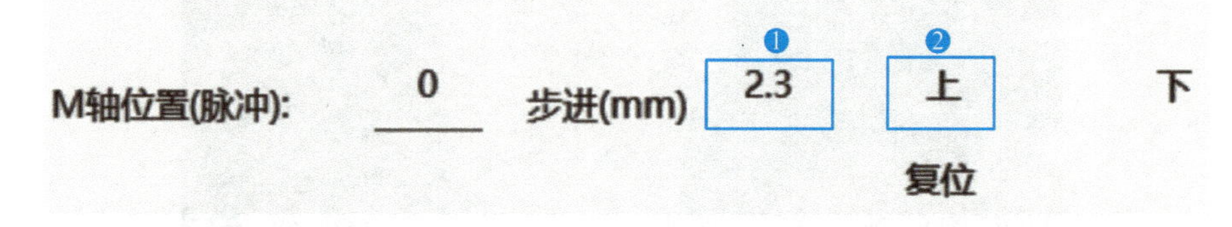

图 4-52 步进参数设置

4.1.9.17 磁力架位置校准（可选）

1. 在 POS6 放置 1 块深孔板（图 4-53）。

图 4-53 POS6 位置放置深孔板

2. 在位置学习界面，修改 M 轴的移动步进。上下移动 M 轴直到磁力架刚好碰到深孔板，且不能顶起深孔板。再把步进设置为 2.3，点击“下”，然后点击“保存”（图 4-54）。

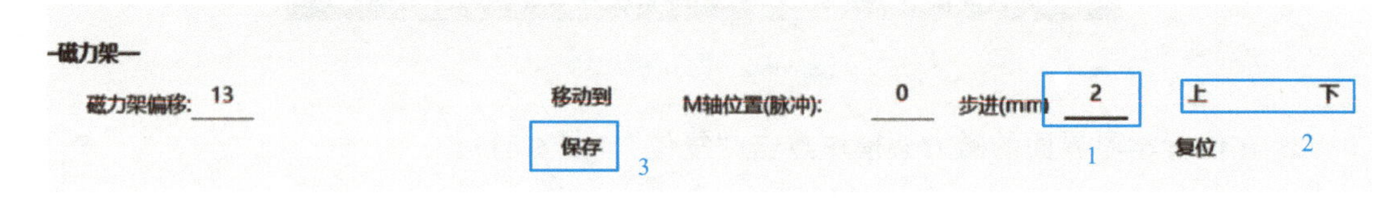

图 4-54 位置校准参数调试

3. 保存后重启软件，随后参照 4.1.9.16 节对磁力架进行测试。

4.2 功能模块调试

4.2.1 模块测试

4.2.1.1 IO 测试

1. 点击“左上角”按钮，打开调试项目菜单，选择“IO 板调试”（图 4-55）。

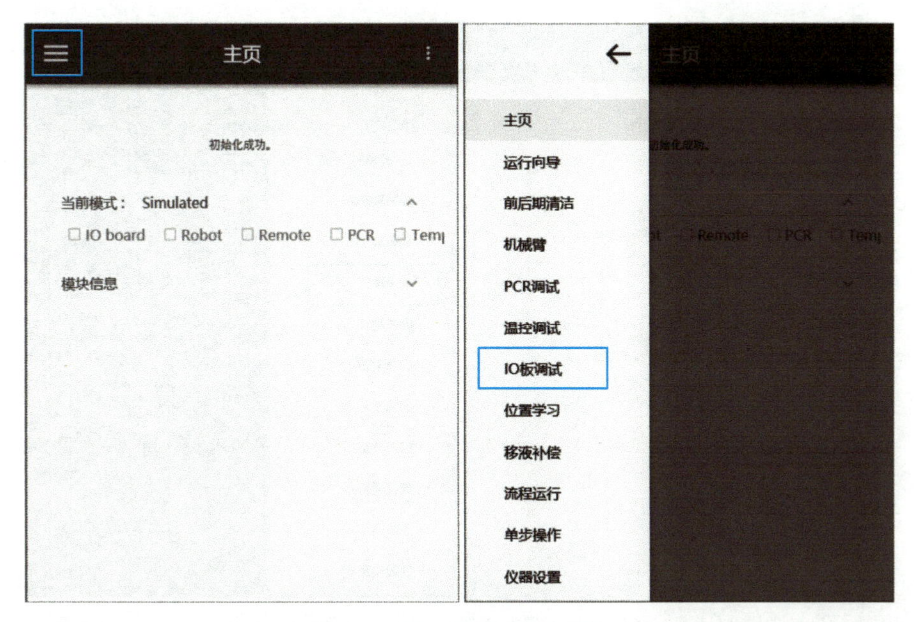

图 4-55　IO 板调试选择界面

2. 分别测试上层流罩、视窗锁、照明灯、蜂鸣器、紫外灯、LED 灯带是否工作正常（图 4-56）。

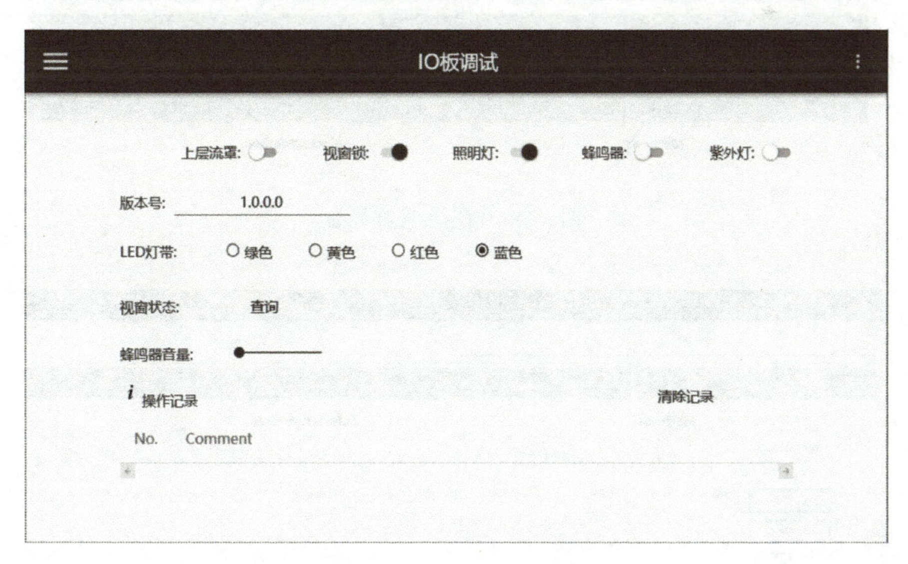

图 4-56　IO 板调试界面

注意：打开紫外灯之前，请先安装好左右两边的侧板。

4.2.1.2　PCR 测试

1. 点击左上角“菜单”按钮，打开调试项目菜单，选择“PCR 调试”（图 4-57）。
2. 在 PCR 调试界面，选择“PCRA”（图 4-58）。
3. 点击“OpenDoor”和“CloseDoor”，测试 PCR 盖是否能正常打开或关闭（图 4-59）。

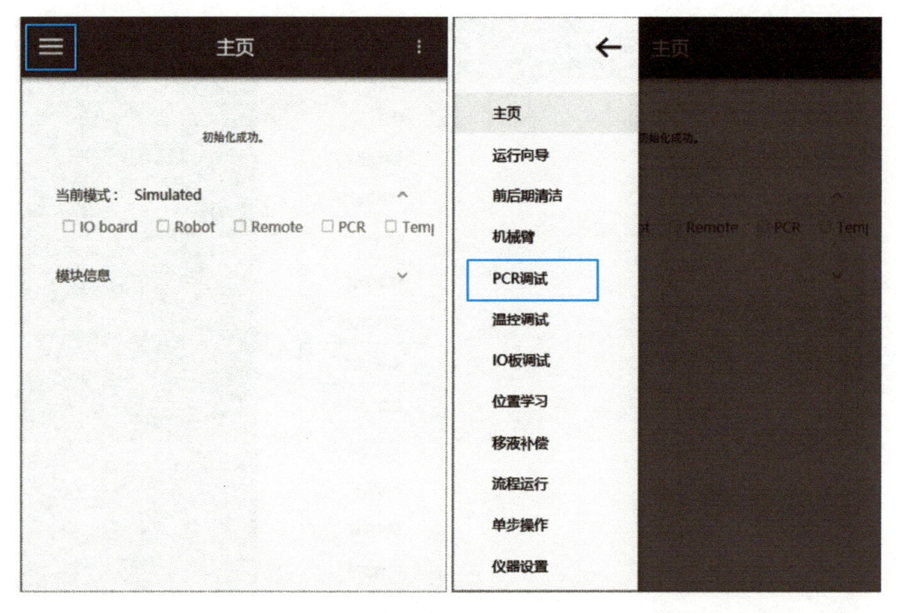

图 4-57　PCR 调试选择界面

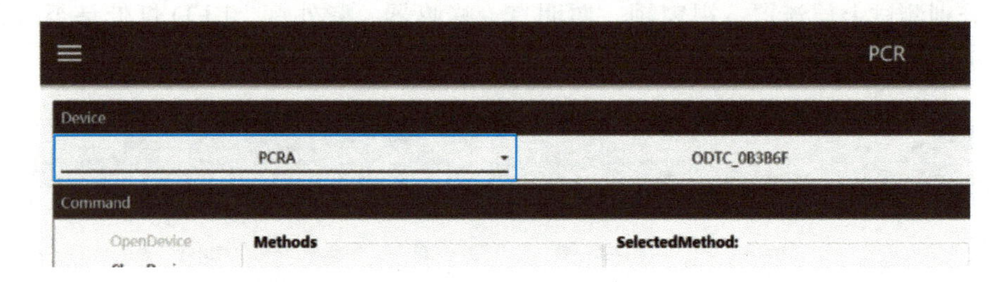

图 4-58　PCRA 选择界面

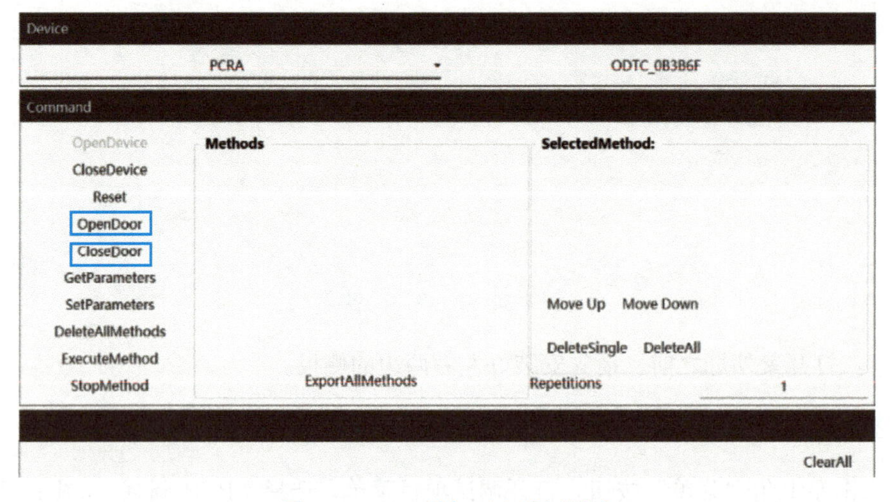

图 4-59　PCR 盖打开和关闭测试

4. 点击“GetParameters”可以得到 PCR 的 methods 列表。选择“Start”再点击“ExecuteMethod”，此时程序会运行约 10 分钟，温度曲线后面会稳定在 25℃。在运行的过程中，不能出现报错信息（图 4-60）。

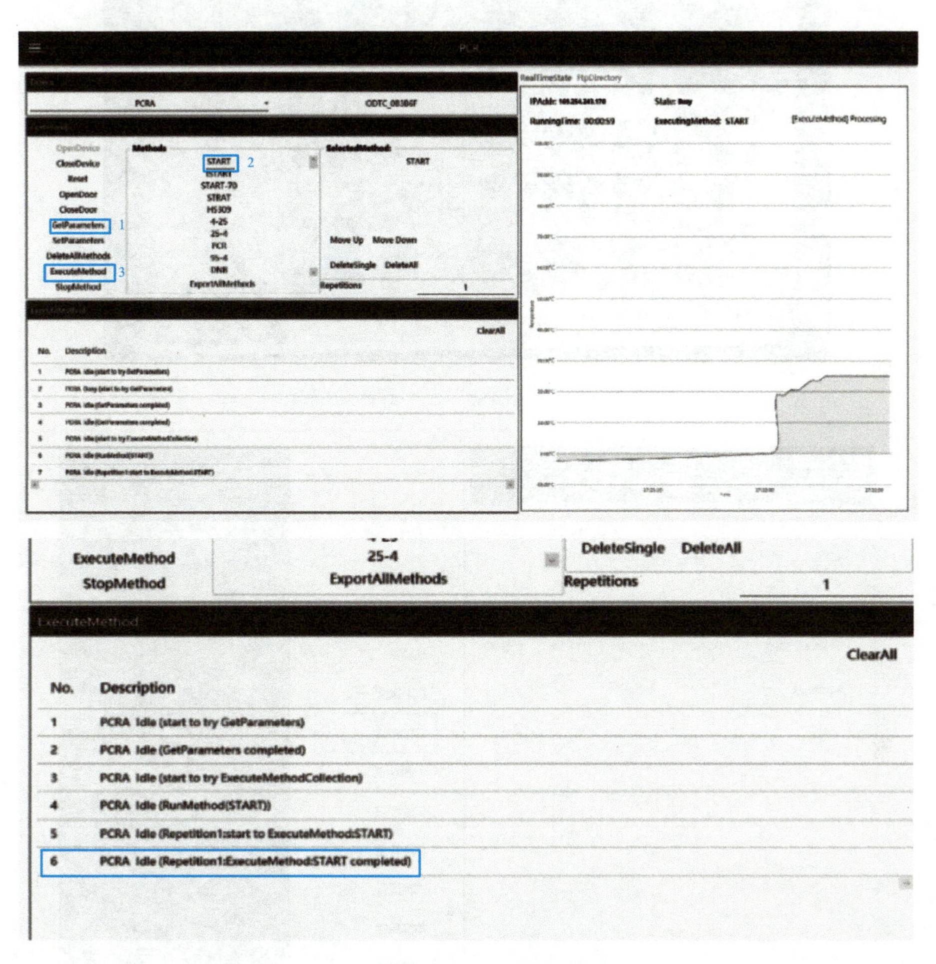

图 4-60　执行 PCR 测试程序

4.2.1.3　温控测试

测试目标：测试模块的 A7、H7 是否能正常升降温。

测试要求：两个测量孔的温度测量值与理论值误差不超过±1℃。

1. 将温控模块 A7、H7 孔中分别加入 500μL Milli-Q 超纯水，并将温度计探头插入水面以下进行测试（图 4-61）。

2. 打开工程师软件，点击右上角按钮打开调试项目菜单，选择“温控调试”，打开温控调试界面（图 4-62）。

3. 将温度范围的数值都改为 25，测试次数改为 1，然后点击“开始测试”（图 4-63）。

4. 待温度稳定后，依次检查各孔的温度是否稳定在 25±1℃（图 4-64）。

5. 测试完成之后点击“终止测试”。

6. 依次测试 4℃、25℃、55℃、65℃。

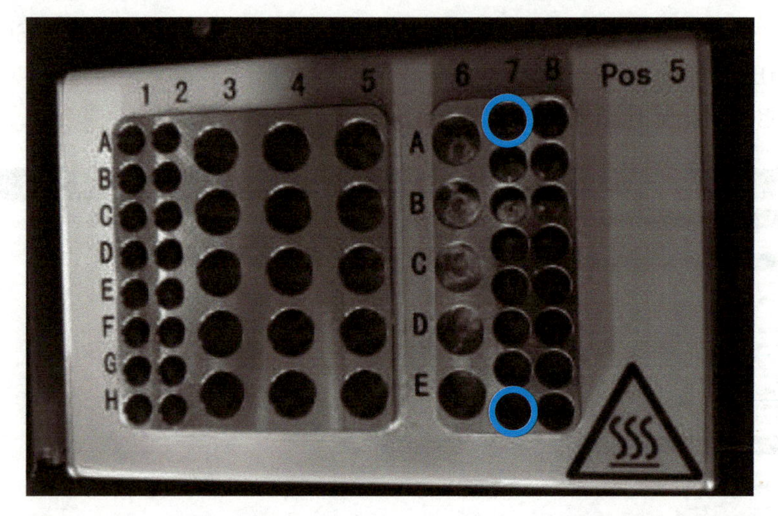

图 4-61 温控模块 A7、H7 孔示意图

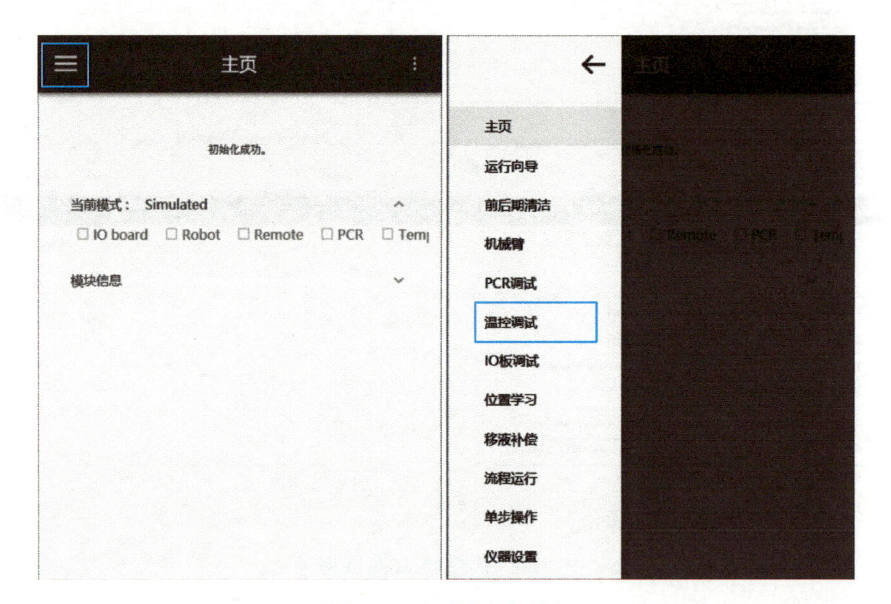

图 4-62 温控调试选择

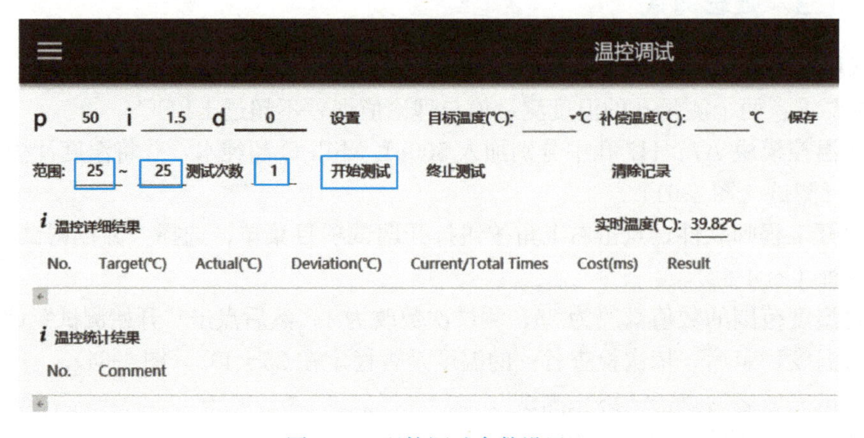

图 4-63 温控调试参数设置

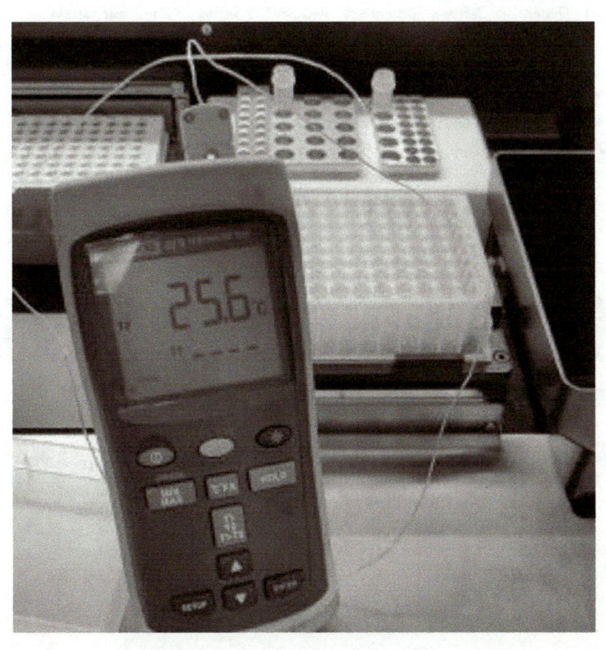

图 4-64　万用表查看各孔温度

7. 如果温度不符合要求，则需要修改温度范围并进行测试，直到万用表读出来的温度符合要求为止。例如，当把温度范围设为 26～26 时，万用表读出来的温度为 25℃。目标温度处选择 25℃，补偿温度处输入 26（即范围设置的温度），然后点击“保存”，重启软件后生效（图 4-65）。

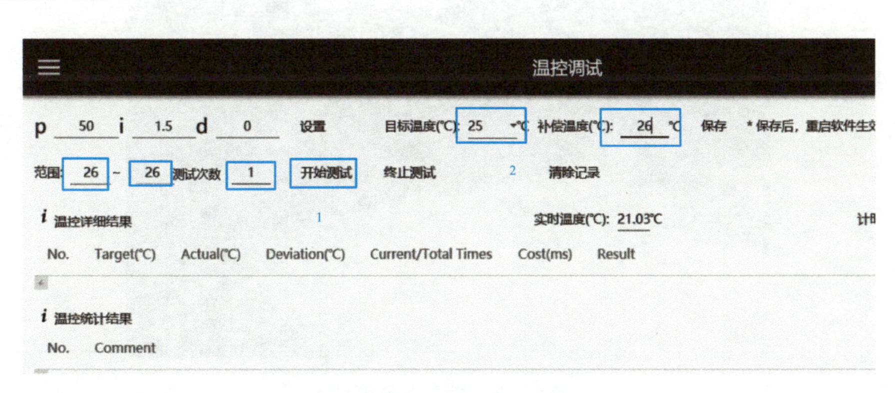

图 4-65　温度范围修改及测试

8. 测试完成之后点击终止测试，并把孔里的水移除。

4.2.2　移液器气密性测试

1. 复制 MGISP-100 Scripts. rar，并将文件解压后并放到仪器电脑桌面（图 4-66）。

2. 在 POS2 位置放置一盒吸头，在 POS6 放置一个 96 深孔板，在深孔板第 12 列的每个孔中各加入 1mL 的超纯水。在软件的流程运行界面选择 Airtightness Test. py 脚本，点击“运行”，进行测试（图 4-67）。

« Service Support - General › Service Software › MGISP-100 Series › Engineer scripts ›

名称	状态	修改日期	类型	大小
PCR lid error	⊘	2020/5/15 15:57	文件夹	
PCR pressure test	⊘	2019/7/30 14:40	文件夹	
MGISP-100 Installation Scripts	⊘	2020/6/16 20:16	WinRAR 压缩文件	59 KB

图 4-66 MGISP-100 Scripts. rar 文件拷贝

图 4-67 流程运行界面

3. 吸头在吸水后会停留 2 分钟，如果 2 分钟内吸头不漏液，则气密性测试合格（图 4-68）。

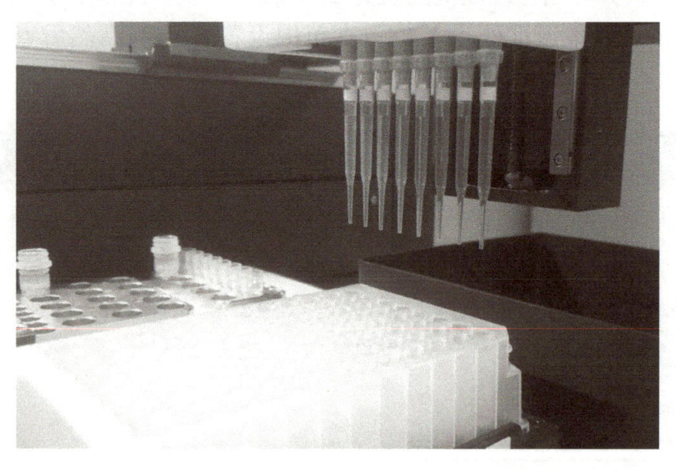

图 4-68 吸头漏液测试

4. 等待移液器把吸头退掉后，点击“停止”。

5. 如果上述过程存在漏液情况，则需要进行检查。

(1) 检查吸头是否扎紧，如果没有扎紧，则需要重新调节吸头位置高度（图 4-69）。

(2) 检查更换吸头适配器是否能解决漏液，如果不能，则需要更换移液器模块。

4.2.3 电脑设置检查

1. 点击：【开始】→【windows 系统】→【控制面板】→【系统和安全】→【电源选项】→【更改计划设置】。

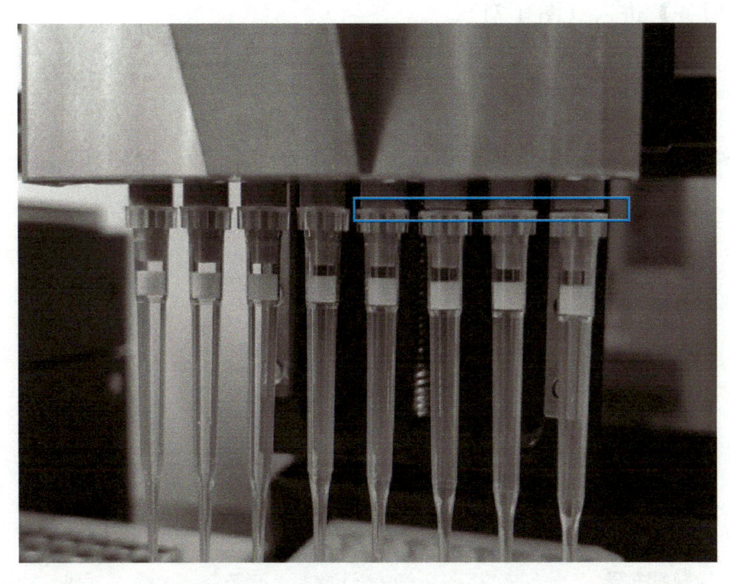

图 4-69　确认吸头是否扎紧示意图

2. 确认【关闭显示器】时间设置为“从不”；【使计算机进入睡眠状态】时间设置为“从不”。

3. 点击【控制面板】→【硬件和声音】→【电源选项】→【选择电源按钮功能】。

4. 确认【按电源按钮时】设置为“关机”，【按睡眠按钮时】设置为“不采取任何操作”。

5. 打开【控制面板】→【管理工具】→【服务】选项菜单（图 4-70）。

图 4-70　管理工具选择界面

6. 双击【服务】进入（图 4-71）。

› 控制面板 › 系统和安全 › 管理工具

名称	修改日期	类型	大小
iSCSI 发起程序	2019/12/7 17:09	快捷方式	2 KB
ODBC Data Sources (32-bit)	2019/12/7 17:10	快捷方式	2 KB
ODBC 数据源(64 位)	2019/12/7 17:09	快捷方式	2 KB
Windows 内存诊断	2019/12/7 17:09	快捷方式	2 KB
本地安全策略	2019/12/7 17:10	快捷方式	2 KB
磁盘清理	2019/12/7 17:09	快捷方式	2 KB
打印管理	2019/12/7 5:46	快捷方式	2 KB
服务	2019/12/7 17:09	快捷方式	2 KB
高级安全 Windows Defender 防火墙	2019/12/7 17:08	快捷方式	2 KB
恢复驱动器	2019/12/7 17:09	快捷方式	2 KB
计算机管理	2019/12/7 17:09	快捷方式	2 KB
任务计划程序	2019/12/7 17:09	快捷方式	2 KB
事件查看器	2019/12/7 17:09	快捷方式	2 KB
碎片整理和优化驱动器	2019/12/7 17:09	快捷方式	2 KB
系统配置	2019/12/7 17:09	快捷方式	2 KB
系统信息	2019/12/7 17:09	快捷方式	2 KB
性能监视器	2019/12/7 17:09	快捷方式	2 KB
注册表编辑器	2019/12/7 17:09	快捷方式	2 KB
资源监视器	2019/12/7 17:09	快捷方式	2 KB
组件服务	2019/12/7 17:09	快捷方式	2 KB

图 4-71　服务选择界面

7. 在服务菜单栏找到 Windows Update 一栏，选中它，右键点击选择“属性”，确认启动类型为“禁用”（图 4-72 和图 4-73）。

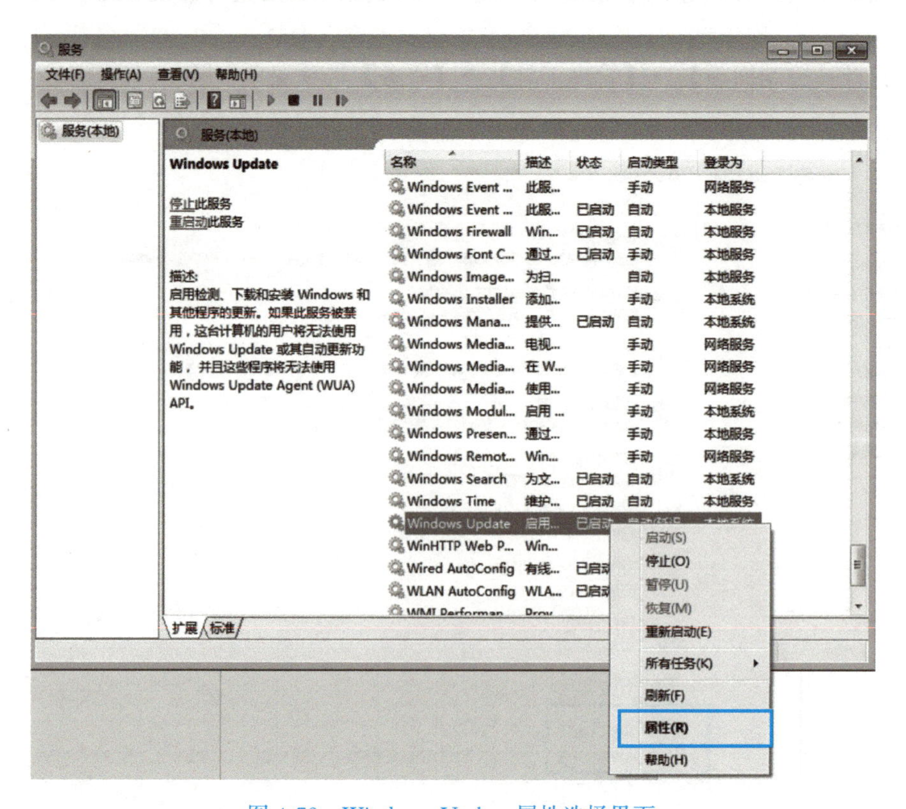

图 4-72　Windows Update 属性选择界面

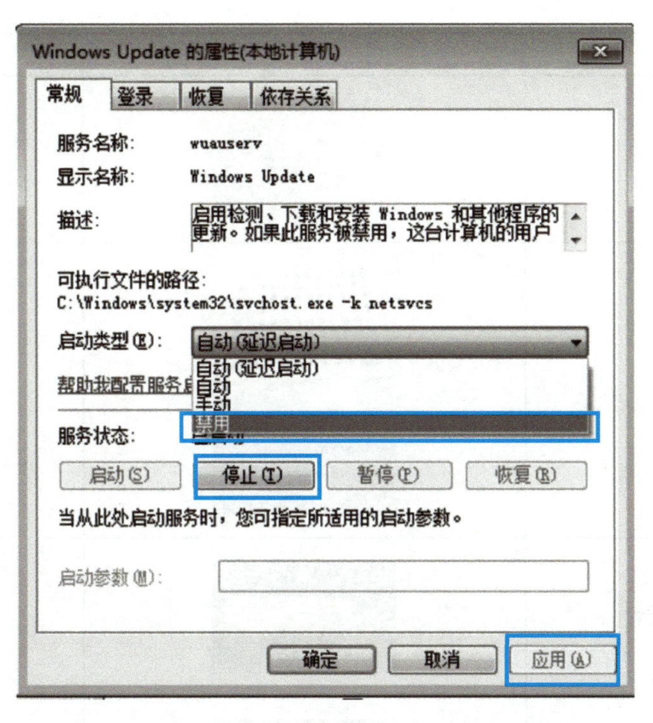

图 4-73　Windows Update 启动类型设置为“禁用”

4.2.4　台面吸液位置验证测试

4.2.4.1　耗材和移液器

在准备台面吸液位置验证测试之前，请先准备以下耗材和移液器：

1. 0～10μL、100～1000μL 量程手持移液器各 1 把（图 4-74）。

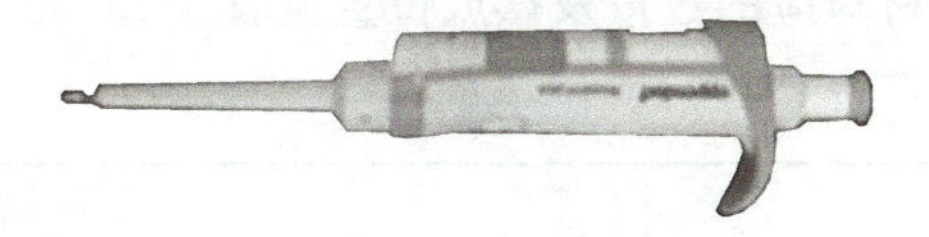
图 4-74　移液器

2. 一瓶 Milli-Q 超纯水。
3. 需准备的耗材清单图见表 4-1。

台面吸液位置测序所需的耗材清单　　表 4-1

名称	图片	数量
250μL 吸头盒		2

续表

名称	图片	数量
深孔板		1
PCR 板		1
0.5mL 二维码管		16
0.5mL 冻存管		24
8 联管		8
0.65mL 管		16

4. 耗材摆放

台面吸液位置测试耗材对应的数量及摆放位置见表 4-2。

耗材摆放要求 表 4-2

位置	耗材
Pos2	1 个吸头盒
Pos4	1 个吸头盒
Pos1-1 列 1,3,5	3 条 8 联管
Pos1-2	16 个样品管
Pos1-3	4 个 0.5mL 冻存管
Pos3	1 块 PCR 板
PO5-1	2 条 8 联管
Pos5-2,Pos5-3	20 个 0.5mL 冻存管
Pos5-4	16 个 0.65mL 管

续表

位置	耗材
Pos6	1个96-深孔板
Pos7	1个垃圾袋
Pos9	1个吸头盒
Pos10	1个PCR板

4.2.4.2 水残留测试

1. 在POS6位置的深孔板第12列的各孔中分别加入1mL Milli-Q超纯水。
2. 打开工程师软件，在调试项目菜单中，选择“流程运行”，打开流程运行界面。
3. 点击“浏览”，选择路径下的POS1-1.py脚本文件运行（图4-75）。

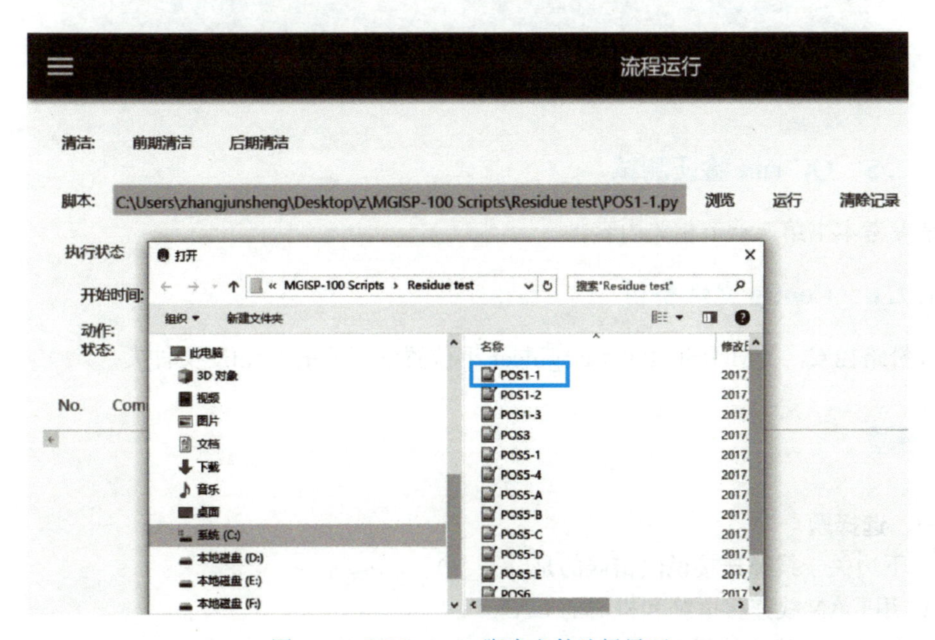

图4-75 POS1-1.py脚本文件选择界面

4. 在2μL水运行结束后，用0～2.5μL量程的手持移液器测残留液体的体积，每个孔的水残留体积不超过2μL，则为合格。

5. 依次运行脚本POS1-2、POS1-3、（POS6第12列补水至1mL）POS3、（POS6第12列补水至1mL）POS5-1、POS5-A、POS5-B、POS5-C、POS5-D、POS5-E、POS5-4、POS6（图4-76）。

6. 测试每个孔的水残留，POS6的1、2、6、7、10、11列位置水残留不超过1μL为合格，其他位置水残留不超过2μL为合格。

7. 在POS9放置一盒吸头，在POS10放置一块PCR板。POS6第12列的水补至1mL。

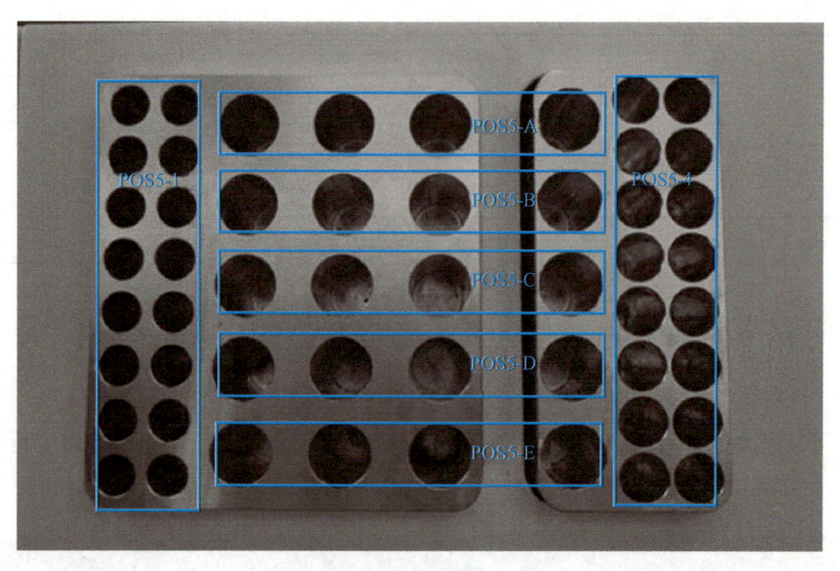

图 4-76 各位置测试示意图

4.2.5 QC run 验证测试

请参考本书第 5 章节相关内容。

4.2.6 Config 文件备份

备份路径 C：\MGISP-100\Engineer 下位置学习后的 Config 文件夹。

习题

一、选择题

1. 下边关于线缆连接说法错误的是（　　）。

A. 用 CAN 线连接电脑和机器的 CAN 口

B. 用多串口线连接设备的 IO、TC 接口和电脑的多串口

C. 用网线连接设备的 WLAN 接口和电脑的网络接口

D. COM1 连接到 TC 接口

2. 设备上电后，状态灯显示为（　　）。

A. 绿色　　B. 蓝色　　C. 黄色　　D. 红色

3. 温控测试的测试要求是，测量孔的温度测量值与理论值误差不超过（　　）。

A. ±1℃　　B. ±0.1℃　　C. ±0.5℃　　D. ±2℃

第 5 章 自动化样本制备系统使用及运行

本章教学目标

1. 熟悉 QC Run 所需要的耗材及试剂。
2. 熟悉 QC Run 的过程及注意事项。
3. 熟练使用 Qubit 进行标准品定量以及产物定量。
4. 熟练使用自动化样本制备系统及相关实验设备。

5.1 准备工作

5.1.1 仪器准备

将机身后侧左下方的总电源按钮调节至“ON”位置，开启仪器电源。打开软件后，仪器开始初始化。若初始化成功，系统进入主界面。主界面各控件的功能说明见表 5-1。

主界面功能说明　　表 5-1

项目	说明
	点击可手动关闭/打开照明灯。 仪器初始化后照明灯自动开启，运行阶段自动关闭
	点击后可执行如下操作： ● 选择【维护】，进入维护界面，对温控模块、PCR 模块等部件进行检测或维护。 ● 选择【关于】，查看软件，硬件版本信息等。 ● 选择【退出】，关闭软件。退出后若要重新打开软件，需双击计算机桌面的“控制软件”图标
【样本制备】	完成从样本到 DNB 的实验流程
【文库制备】	完成从样本到 PCR 文库的实验流程
【DNB 制备】	完成从 PCR 文库到 DNB 的实验流程

续表

项目	说明
【前期清洁】	实验前对仪器内部进行紫外照射和空气过滤
【后期清洁】	实验后对仪器内部进行清洁、紫外照射和空气过滤

若初始化失败，则执行如下操作：

1. 检查视窗是否关闭。如未关闭，请先关闭视窗，点击【重试】再次进行初始化，或点击【退出】，关闭软件。

2. 如视窗已关闭，则可能是视窗传感器或其他硬件故障。请记录报错提示，点击【确定】退出软件。将报错提示和控制软件安装路径下的日志文件夹（例如：C：\ MGISP-100 \ Log）中的日志文件提供给技术支持。

5.1.2 耗材准备

需要提前准备如表 5-2 所示的耗材以供 QC Run 使用。取出运行一次需要的耗材，包括 1 块 PCR 板、1 块 96 孔深孔板、4 组 8 联管、3 个 0.5mL 冻存管、2 盒吸头等耗材室温放置备用。

所需耗材清单 表 5-2

序号	名称	图片
1	8 联管	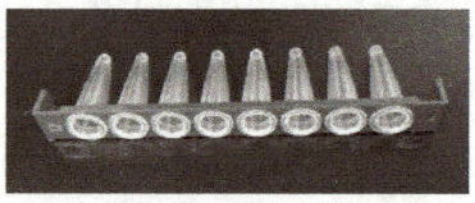
2	PCR 板	
3	0.5mL 冻存管	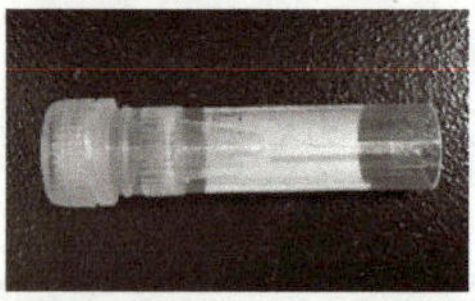
4	96 孔板	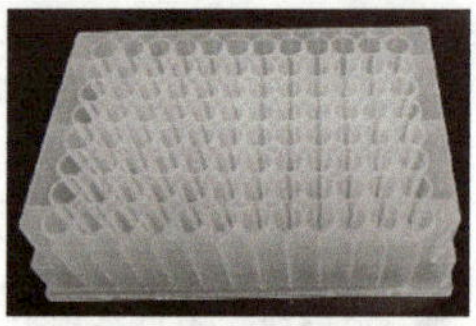
5	吸头	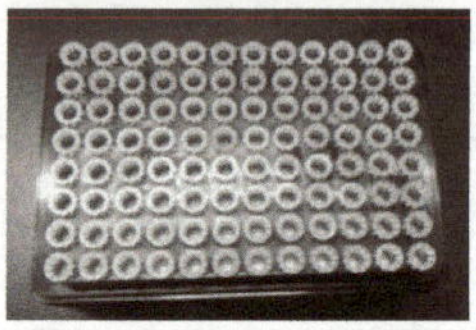

5.1.3　辅助设备准备

运行时，所需的辅助设备见表5-3。

辅助设备清单　表5-3

序号	名称	图片
1	手动移液器	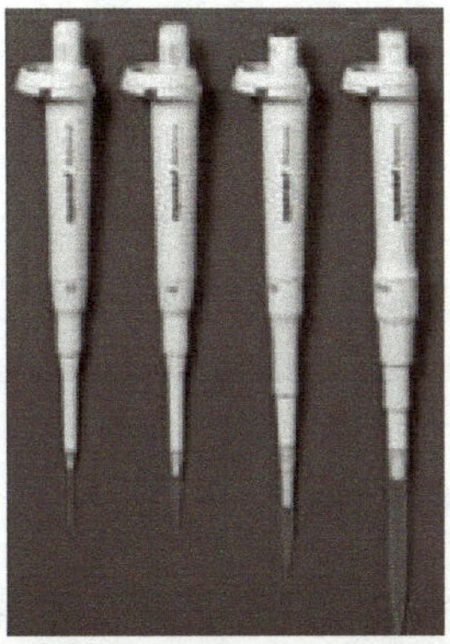
2	漩涡震荡仪	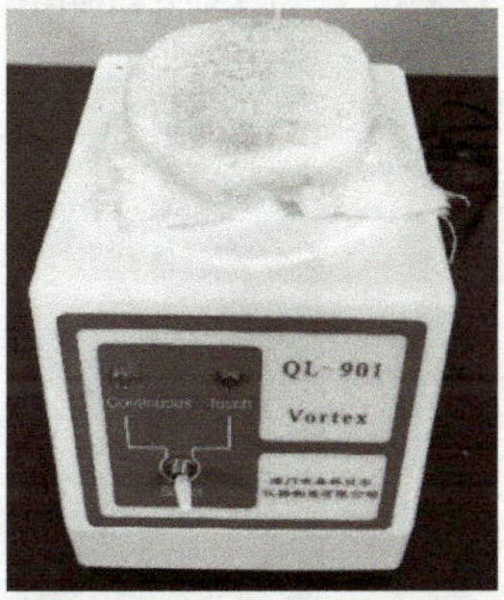
3	微型离心机1	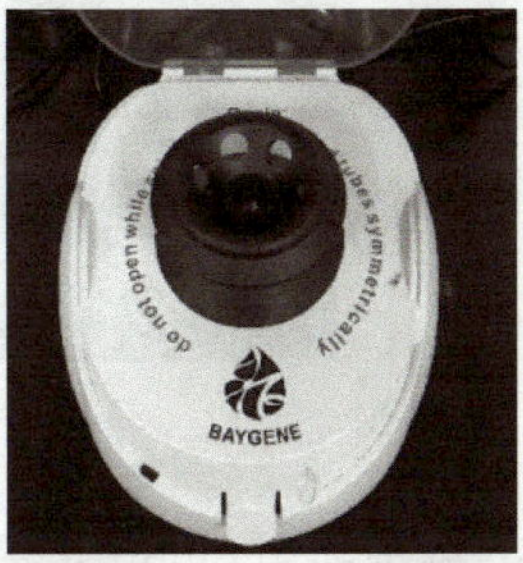
4	迷你离心机2	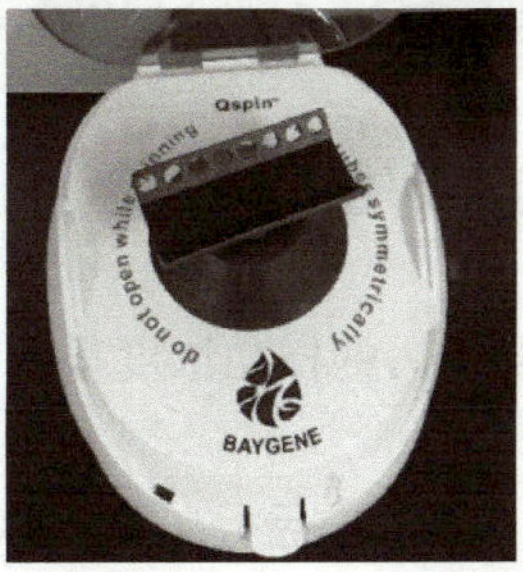

续表

序号	名称	图片
5	Qubit	

5.1.4 样本准备

1. 取出标准品，放置于室温解冻，解冻后混匀离心。以 MGISP-100 系统为例，其质控标准品为：SP-100 建库仪质控标准品（图 5-1）。

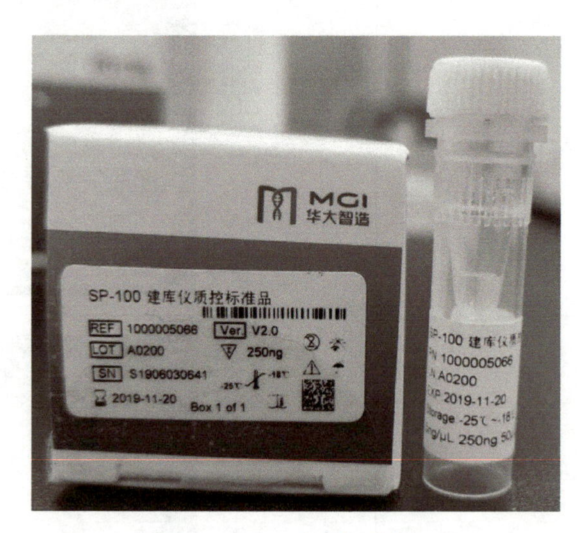

图 5-1 SP-100 建库仪质控标准

2. 取出 2μL 标准品用 Qubit 定量（定量方法见《附录一》）。定量的浓度为 a ng/μL。取 10μL 的标准品和 b μL 的 Milli-Q 超纯水稀释到一个 2mL 的管子里。具体成分组成及体积见表 5-4。

稀释后的标准品使用 Qubit 进行定量，浓度约为 0.05ng/μL（建议浓度范围 0.045ng/μL～0.055ng/μL）。

注意：因稀释后的样品浓度很低，定量时用 10μL 稀释的标准品和 190μL 的试剂进行测定。

3. 把稀释后的标准品分装到 8 联管中，每孔 60μL，其中 1 列的第 4 个孔为 60μL 的 Milli-Q 超纯水，8 联管中样品的具体分布见表 5-5。

成分组成及体积　表 5-4

成分	体积	照片
Milli-Q Water	b=(a×10/0.05−10)μL	
SP-100 建库仪质控标准品	10μL	

八联管样品分布示意表　表 5-5

第 1 列	第 2 列
标准品	标准品
标准品	标准品
标准品	标准品
Milli-Q H_2O	标准品
标准品	标准品
标准品	标准品
标准品	标准品
标准品	标准品

5.1.5　试剂准备

1. 提前准备所需试剂盒，具体信息为 MGI Easy 游离 DNA 文库制备试剂盒（图 5-2）。

2. 从血浆游离 DNA 文库制备试剂盒（Box 1 of 2）中取出末端修复缓冲液（ERAT Buffer Mix）、末端修复酶（ERAT Enzymes Mix）、连接缓冲液（Ligation Buffer Mix）、连接酶（Ligation Enzyme）、PCR 反应液（PCR Enzyme Mix）、PCR 引物（PCR Primer

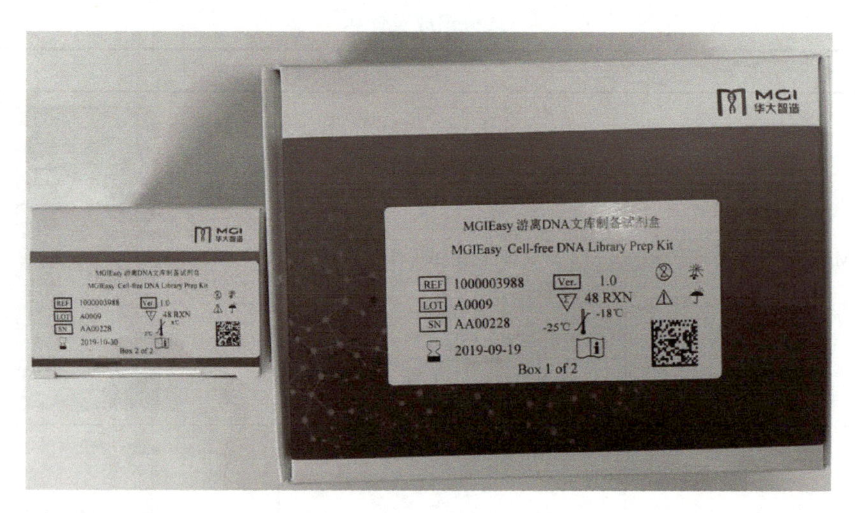

图 5-2 DNA 文库制备试剂盒

Mix)、2 组 8 联管的标签接头（Adapter Mix）室温下解冻，解冻后混匀离心，确保管壁及管盖上无挂液，底部无气泡，置于试剂架上备用。

注意：试剂盒中一个黄色盖子的试剂，在 QC 过程中不需要用到。

3. 从血浆游离 DNA 文库制备试剂盒（Box 2 of 2）中取出 1 管磁珠和洗脱缓冲液，置于室温下备用。

4. 使用无水乙醇和 Milli-Q 水按比例配置 80%浓度的酒精溶液。

5. 取出准备好的 96 孔深孔板，按图 5-3 所示，将洗脱缓冲液和酒精分别加入深孔板中。

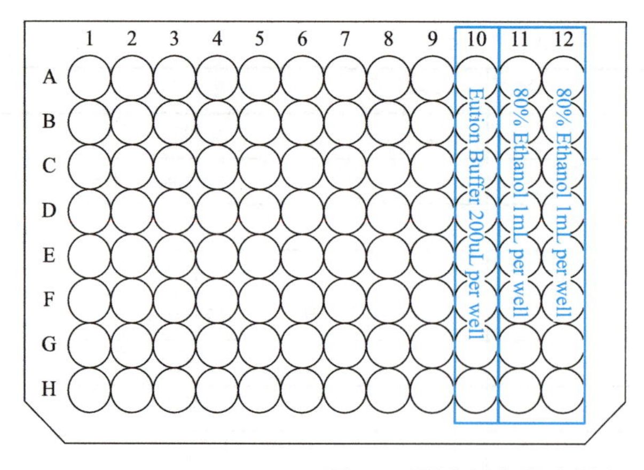

图 5-3 深孔板装液示意图

注：纯化磁珠在放入建库仪可不离心，或短暂离心（不超过 5s）。

5.2 前期清洁

操作步骤如下：

1. 实验前，在主界面点击【前期清洁】，进入前期清洁界面（图 5-4）。

2. 根据界面右侧操作提示，完成各项操作。例如，清空操作台，手动扣上并锁紧 POS3 盖等。

3. 确认操作完成，点击界面右侧复选框。

4. 关闭视窗。

5. 点击【开始】，系统开始对仪器内部进行紫外照射和空气过滤。前期清洁结束后系统将弹出提示框，提示清洁完成。

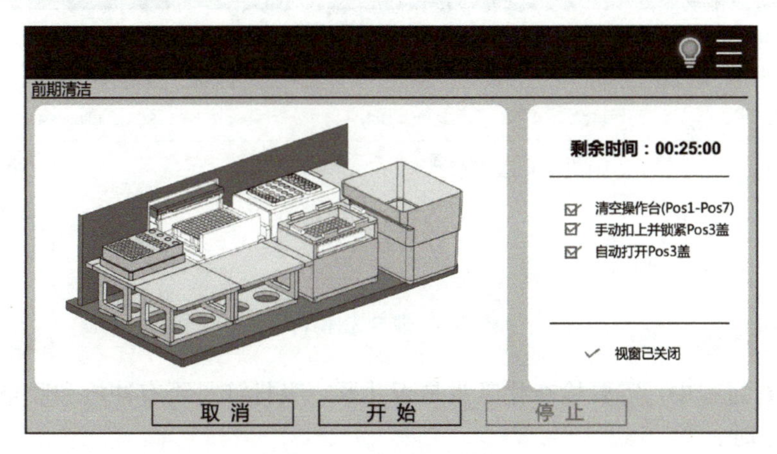

图 5-4　前期清洁界面

5.3　耗材放置

根据图 5-5 所示，将准备好的样品、试剂和耗材放置于台面上，并在垃圾桶上套垃圾袋。

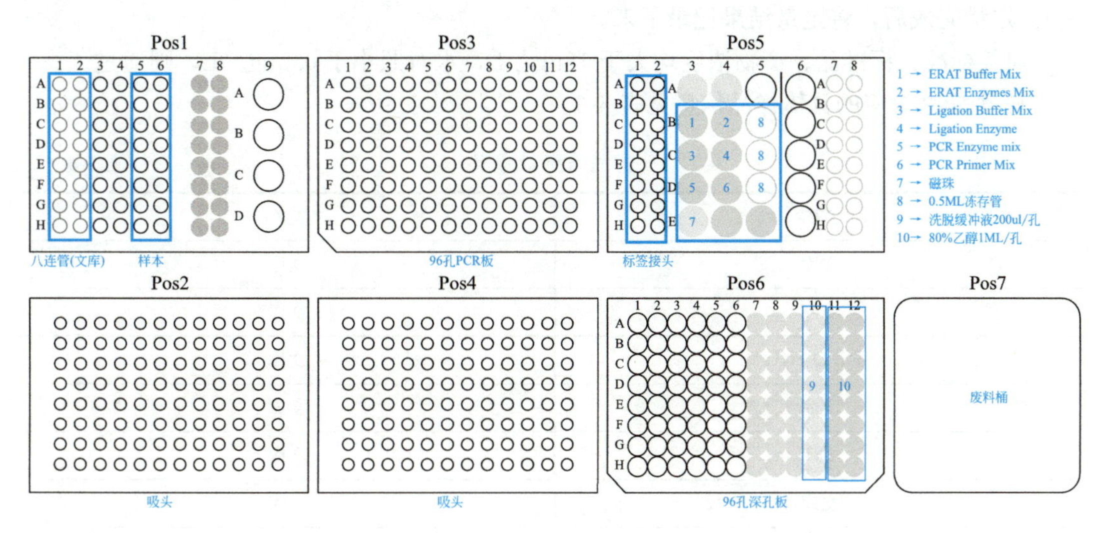

图 5-5　耗材放置示意图

5.4 脚本运行

1. 打开软件的流程运行界面，在【应用方案】选择【QC】，在【脚本】选择【QC run Test】（图 5-6）。

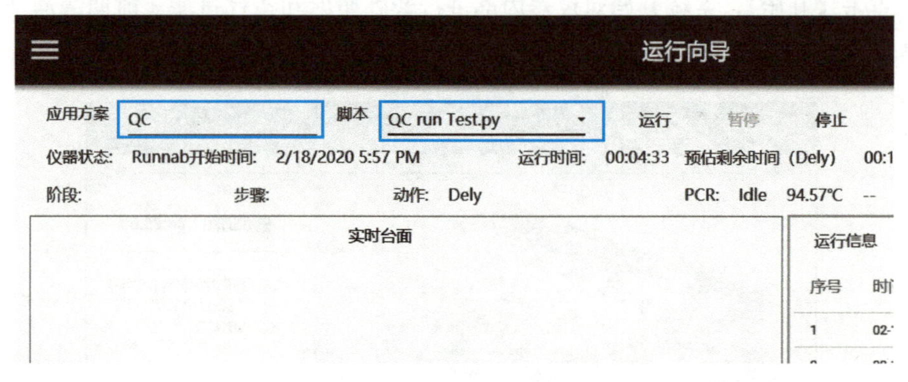

图 5-6 脚本选择界面

2. 在运行过程中，需要检查扎吸头是否扎紧，吸排液是否有冲枪和吸空问题。整个流程约 3.5 小时。

3. 检查 QC run 的过程。

5.5 手工定量

程序运行完成后，进入手工定量步骤。

取出 POS1 中 A1-H2 的 16 个 DNA 文库进行定量（推荐使用 Qubit，定量方法见附录一）。定量完成后，将定量结果记录下来。

质控标准：标准品、产物浓度均大于 15ng/μL，水对照小于 0.5ng/μL，则通过。

16 个样品对应的具体样品信息见表 5-6。

样品信息示意表 表 5-6

文库	文库
文库	文库
文库	文库
Milli-Q H_2O	文库
文库	文库
文库	文库
文库	文库
文库	文库

5.6　后期清洁

1. 在软件的【前后期清洁】界面，选择【后期清洁】，并点击“开始”（图 5-7）。

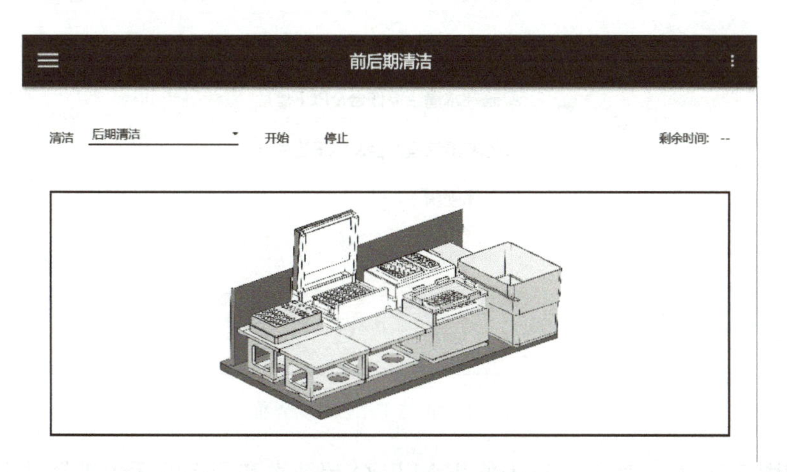

图 5-7　后期清洁选择

2. 根据提示清空操作台，处理废弃的样品管、试剂管、深孔板、PCR 板、废料袋，投放至指定废品区域。关闭视窗，点击【继续】，PCR 的门会关闭（图 5-8）。

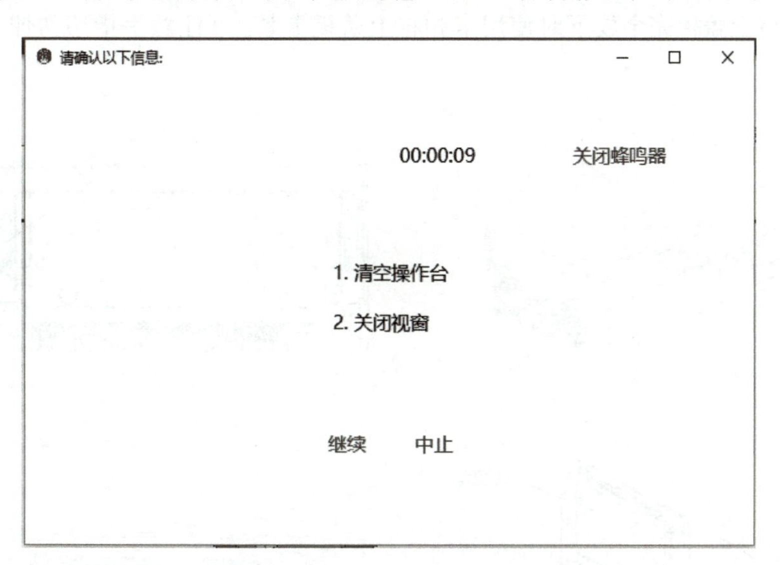

图 5-8　样品投放区域确认界面

3. 根据弹窗的下一个提示，清洁 PCR 上盖板和操作台（图 5-9）。

4. 清洁 POS3 的 PCR 上盖板步骤：

（1）如图 5-10（a）所示，翻开 PCR 上盖板前，PCR 仪处于关闭状态。

（2）如图 5-10（b）所示，使用双手的两个大拇指按压卡扣下方，使用手掌将上盖板向上打开，取出废弃的 PCR 板放置指定废品位。

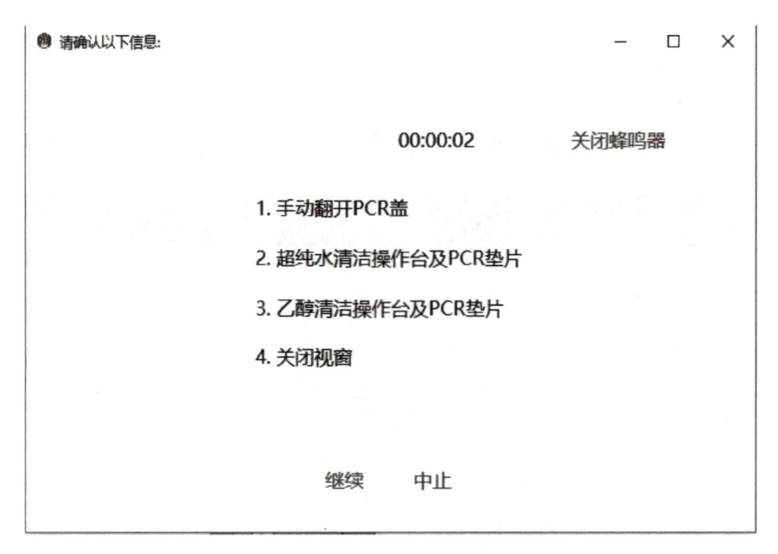

图 5-9 清洁 PCR 确认界面

(3) 如图 5-10 (c) 所示，首先使用 Milli-Q 超纯水和干净的无尘纸擦洗上盖板的硅胶垫（无尘纸只需保持湿润的状态，不可滴水），再使用 75%浓度的酒精和干净的无尘纸擦净硅胶垫，重复擦拭 3 遍，同时将 PCR 板底座擦拭干净。

(4) 如图 5-10 (d) 所示，待自然风干后，向下关闭 PCR 仪的上盖板，并向里按压上盖板封条，待上盖板完全放下时使用卡扣将上盖板卡紧。（注意手指切勿伸入上盖板内，避免夹伤）。

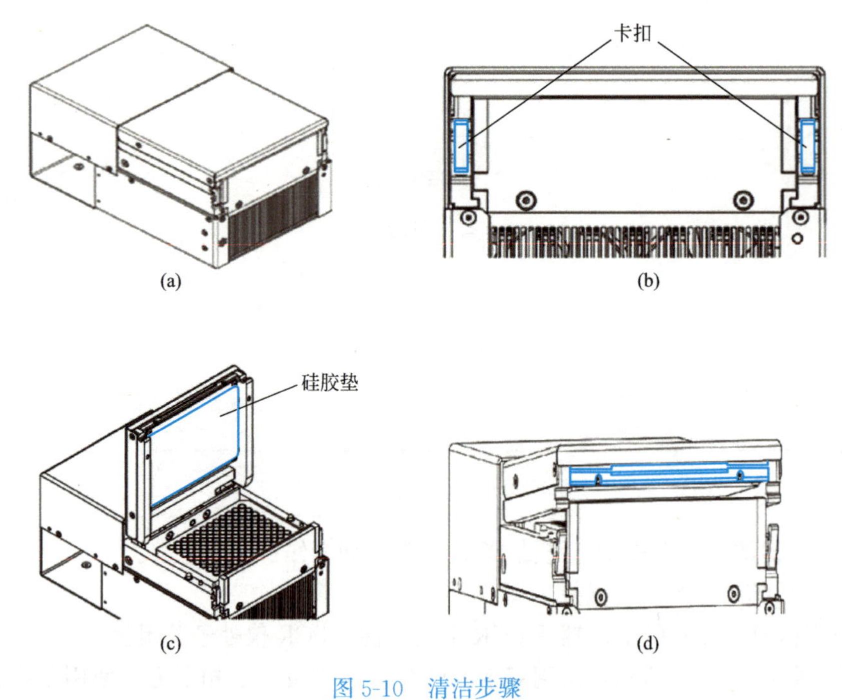

图 5-10 清洁步骤

(a) 上盖板关闭状态；(b) 卡扣位置；(c) 打开上盖板；(d) 关闭上盖板

5. 点击【继续】清洁时间约20分钟（图5-11）。

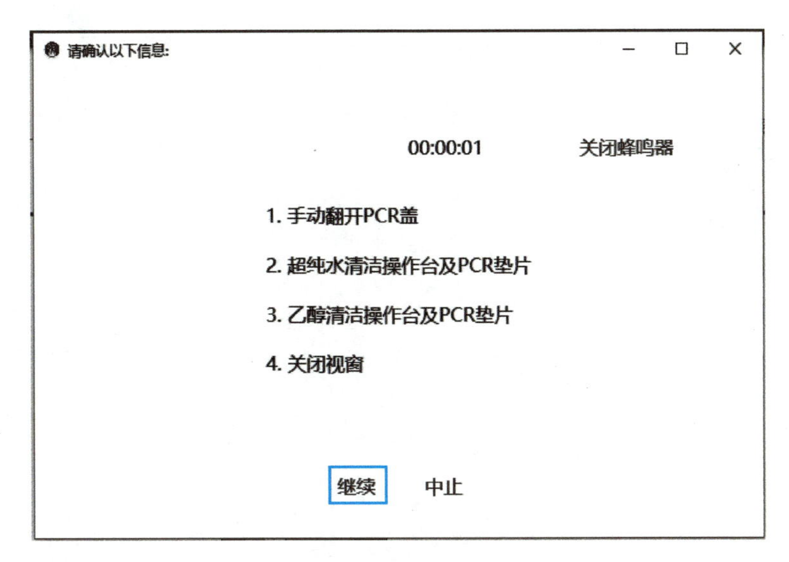

图5-11 继续清理确认

5.7 相关记录

相关信息记录在如下报告中：

1. 《MGISP-100 Validation Run 报告》
2. 《MGISP-100 系列 QC run 检查报告》

习题

一、选择题

1. 下列关于实验项目说法错误的是（　　）。

A. 样本制备是完成样本到DNB的实验流程

B. 文库制备是完成样本到DNB的实验流程

C. 前期清洁是实验前对仪器内部进行紫外照射和空气过滤

D. 后期清洁是实验后对仪器内部进行清洁、紫外照射和空气过滤

2. 手工定量时，质控标准要求标准品、产物浓度为（　　）。

A. 大于15ng/μL　　B. 小于15ng/μL

C. 大于10ng/μL　　D. 小于10ng/μL

附录

一、Qubit 测量 dsDNA 浓度操作指南

（一）Qubit 试剂准备

1. 从 dsDNA HS Assay 试剂盒中拿出 Buffer、染料、Qubit dsDNA HS Standard #1、Qubit dsDNA HS Standard #2 各 1 管。将试剂盒中的 Buffer 和染料按照每个样本 199∶1 的体积比配制。混合液的体积根据样本的数量来计算，再加上 2 个标准品的量。配好的混合液不立即使用的话就要避光保存（附图 1）。

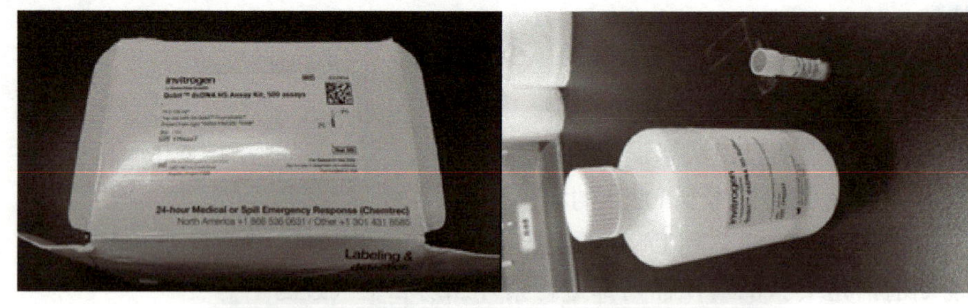

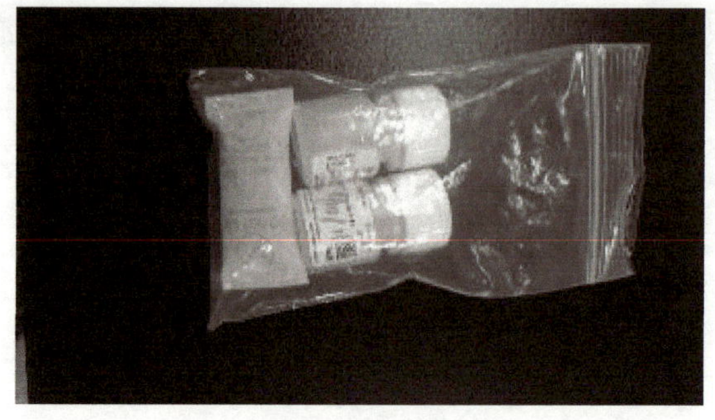

附图 1　Qubit 试剂

2. 准备一个 5mL 的离心管。
3. 根据附表 1 把试剂加到离心管里。

离心管中添加的试剂组成　　附表 1

成分	体积	照片
Qubit dsDNA HS Buffer	3781μL	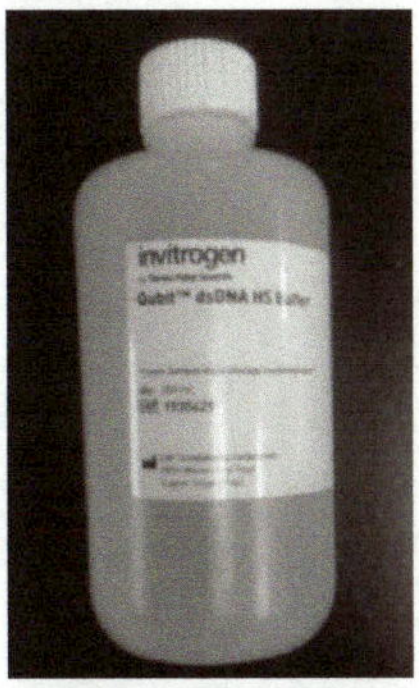
Qubit dsDNA HS Reagent	19μL	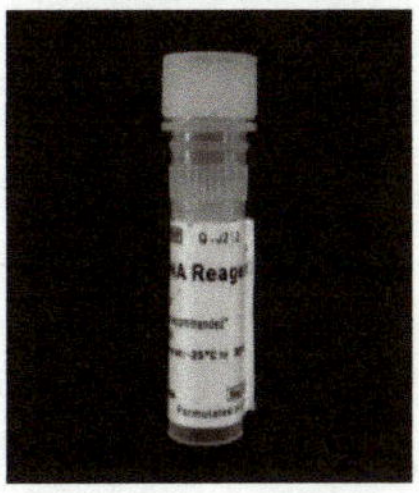

4. 配好的试剂振荡离心 2～3s。
5. 把试剂放在室温下避光放 2min。

（二）Qubit Fluorometer 标准曲线

1. 准备好两个 Qubit 定量管放在托架上，按附表 2 所示，每个管子加入 190μL 的试剂，在一个管子里加入 10μL Qubit dsDNA Standard ＃1，另一个管子加入 10μL Qubit dsDNA Standard ＃2，并在管盖标记标准品 1 和标准品 2。

标准品的配制　　附表 2

成分	体积	相片
工作液	190μL	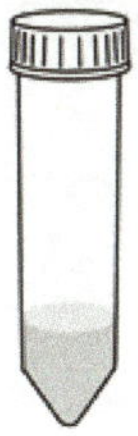

续表

成分	体积	相片
Qubit dsDNA HS Standard ＃1	10μL	
Qubit dsDNA HS Standard ＃2	10μL	

2. 盖上管盖后震荡离心。

3. Qubit 接上电源后，选择“dsDNA”（附图 2）。

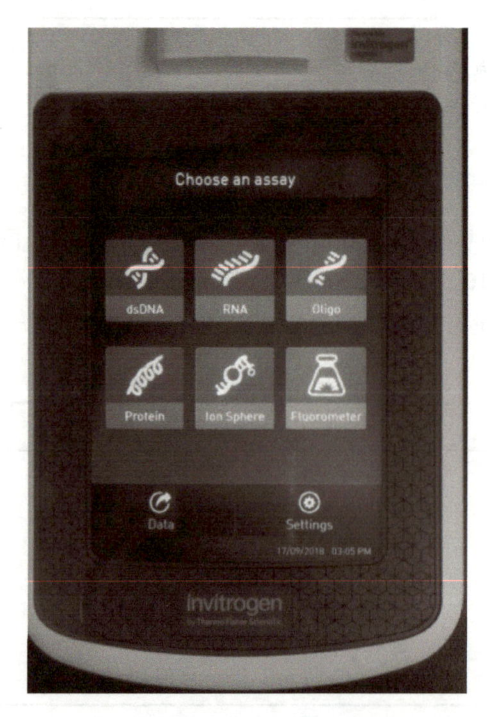

附图 2　实验选择界面

4. 在下个界面选择“dsDNA High sensitivity”，然后点击“Read standards”（附图 3）。

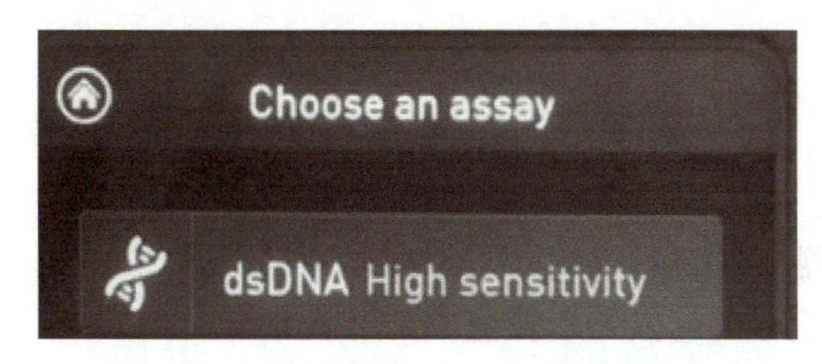

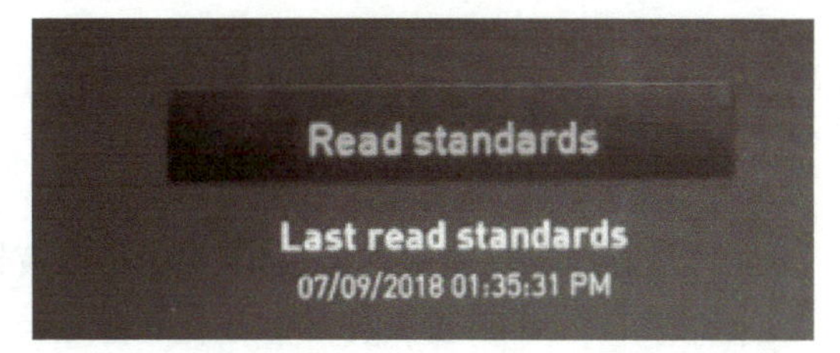

附图 3 Read standards 选择界面

5. 放入标准品 1 到 Qubit 中，点击“Read standards”。然后移除标准品 1。放入标准品 2，然后点击“Read standards”。

6. 把标准品 2 dsDNA 当作样品读取样品浓度，并确认它的浓度是 9.9～10ng/μL，如果不在该范围，则需要重新定值。

注意：样品体积（Sample volume）选为 10μL，样品浓度单位为“ng/μL”，否则结果不一样（附图 4）。

（三）DNA 浓度测定

1. 在 Qubit 定量管中加入依次加入 198μL Qubit 试剂和 2μL DNA。

2. 盖上管盖后震荡离心，然后放到 Qubit 里。

3. 读取所有管子的 DNA 浓度，并确认 DNA 浓度在可接受的范围内。

注意：读取样品浓度的时候，样品体积（Sample volume）要修改为 2μL，单位为“ng/μL”（附图 5）。

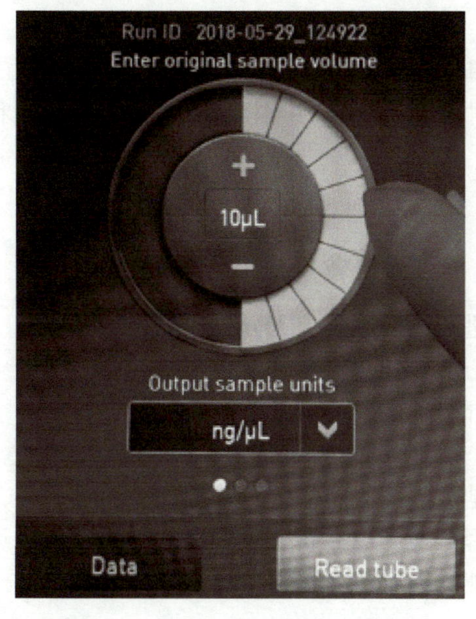

附图 4 标准品样品体积及单位设置

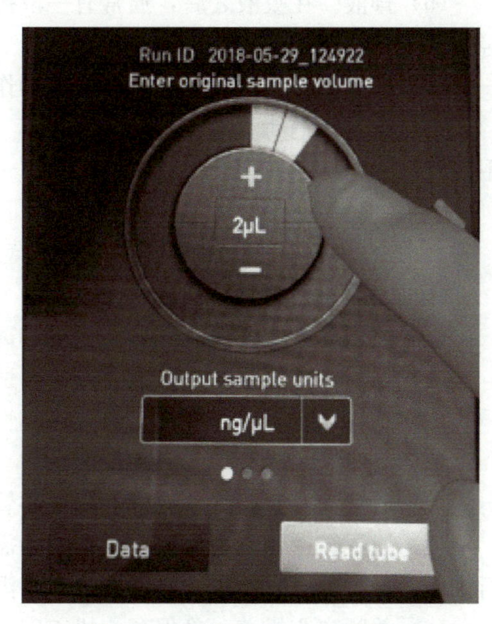

附图 5 测试样品体积及单位设置

二、常见生化仪器的使用及注意事项

（一）移液器

1. 操作规程

（1）选择合适量程的移液器。每支移液器标注有最大量程，常见的有：2μL、20μL、200μL 和 1000μL。若无特殊标注，一般不同量程的移液器取液范围见附表 3。

不同量程移液器的取液范围　　附表 3

移液器规格（μL）	最小取液体积（μL）	最大取液体积（μL）
2	0.2	2
20	2	20
200	20	200
1000	100	1000

（2）设定移液体积。初始微调，注意不要超出移液器最大量程，调节刻度至设定体积。

（3）装配移液器枪头。不同量程的移液器，需装配不同规格的枪头使用。插枪头时，将移液器垂直插入枪头中。

（4）吸液。将移液器竖直插入试剂瓶中，吸入口朝上。轻按操作按钮直至吸入口充满液体，然后将移液器竖直插入目标容器中，吸入口朝下。再次轻按按钮，直到液体被吸入并转移到目标溶液中。

（5）排液。在吸液之后，通常有一段排液过程。此时，同样是将移液器竖直放置，轻轻按动按钮直至排液完成。

（6）释放枪头。移液完成后，通过操作按钮卸除吸头，并将移液器调回至最大量程。

（7）清洗和消毒。每次使用完毕后，应及时清洗移液器并消毒，以保持其清洁和卫生。

（二）小型台式高速离心机

1. 准备工作

（1）使用离心机前，首先对离心机和离心管进行清洁，确保无异物残留。

（2）选择转速：根据实验需要选择合适的离心机转速。

（3）选择离心管：根据样品量、样品性质选择合适的离心管。

2. 离心机操作步骤

（1）放置离心管：将装有样品的离心管平衡地放入离心机的转子孔中。

（2）设置转速和离心时间：根据实验需要选择合适的离心机转速和离心时间。如果运行中，样品对温度有要求，则需要选择有温控功能的离心机，以保持样品稳定。

（3）关闭离心机盖：确保离心机盖安全关闭。

（4）启动离心机：按下离心机上的启动按钮，离心机开始转动。

（5）离心结束后，离心机会自动停止转动。在离心机完全停止运转后，打开离心机盖，取出离心管。

（6）关闭离心机，并进行清洁。

3. 分光光度计

分光光度计是现代分子生物学实验室的常规仪器，常用于核酸、蛋白定量以及细菌生长浓度的定量，仪器主要由光源、单色器、样品室、检测器、信号处理器和显示与存储系统组成。核酸的最大吸收峰值在260nm附近，一般使用紫外-可见分光光度计对核酸溶液的浓度进行测定。紫外-可见分光光度计的使用步骤如下：

（1）仪器准备。确保仪器已连接到具有接地功能的电源，打开电源，使仪器预热10～20分钟。

（2）按方式键“MODE”将测试方式设置为透射比方式。

（3）波长选择。根据实验需要选择合适的波长范围。按波长设置键设置波长，比如260nm、280nm或者340nm等。

（4）样品准备。将样品和参比溶液分别装入比色皿中。

（5）样品测试。打开样品室盖，将盛有溶液的比色皿放插入比色皿槽中，盖上样品室盖。一般情况下，参比样品放在第一个槽位中，被测样品的测试波长在340～1000nm范围内时，建议使用玻璃比色皿。被测样品的测试波长在190～340nm范围内时，建议使用石英比色皿。

将参比溶液推入光路中，按100%T键调整零ABS。将被测溶液推入光路中，此时，屏幕上所显示的是被测样品的透射参比数。

4. PCR仪

PCR仪是聚合酶链式反应（Polymerase Chain Reaction，PCR）的必备仪器，也是现代遗传学实验常用的仪器。PCR反应是一种选择性体外扩增DNA或RNA的方法。PCR反应包括3个步骤：

（1）变性：目的双链DNA在94℃下解链。

（2）退火：两种寡核苷酸引物在适当温度下与模板上的目的序列通过氢键配对。

（3）延伸：在TaqDNA聚合酶合成DNA的最适温度下，以目的DNA为模板进行合成。每一轮循环使目的DNA扩增一倍，这些经合成产生的DNA又可作为下一轮循环的模板。

PCR仪的操作流程如下：

（1）开机：打开仪器的电源开关，PCR开始自检。

（2）准备样品：将要扩增的DNA样品放入PCR管或PCR板中，并确保盖子紧密关闭。

（3）编辑程序：编写PCR程序，包括温度、时间和循环次数等参数，并进行保存。

（4）运行程序：将编辑好的程序加载到PCR仪中，并运行程序。

（5）实验结束后，收集样本用于后续实验，并对PCR仪进行清洁。

PCR仪为精密仪器，在使用过程中需注意以下问题：PCR仪使用的环境需恒定，工作环境的温度不能过高或过低，最好在空调的房间使用。PCR仪使用的电源要稳定，工作的电压不能波动过大，波动过大会造成电子器件损坏，一般建议将PCR仪电源接于稳压电源上。PCR仪在使用前要详细阅读使用说明书，遇到不能解决的问题不要随意拆卸机器，应该让生产厂商负责售后服务的专业工程师进行处理。

三、测序专有名词中英文对照

高通量测序	High-throughput sequencing,HTS
基因组重测序	Genome Re-sequencing
全外显子测序	Whole exon sequencing
染色质免疫共沉淀测序	Chromatin lmmuno precipitation sequencing,ChIP
靶向测序	Targeting sequencing
De novo 测序	De novo sequencing
转录组测序	RNA sequencing
小 RNA 测序	Small RNA sequencing
单核苷酸多态性	Single nucleotide polymorphisms,SNP
细胞	Cell
蛋白质	Protein
酶	Enzyme
核酸	Nucleic acid
脱氧核糖核酸	Deoxyribonucleic acid,DNA
核糖核酸	Ribonucleic acid,RNA
编码区	Coding sequence
非编码区	Non-coding sequence
外显子	Exon
内含子	Intron
变性	Denaturation
复性	Renaturation
核苷酸	Nucleotide
戊糖	Pentose
碱基	Base
碱基序列	Base sequence
DNA 复制	DNA replication
基因	Gene
遗传密码	Genetic code
基因组	Genome
人类基因组计划	Human Genome Project
序列比对	Sequencing alignment
密码子	Codon

续表

染色质	Chromatin
染色体	Chromosome
测序深度	Sequencing depth
文库	Library
建库	Library construction
接头序列	Adaptor
测序标签	Barcode/Index
原始数据	Raw data
组装/拼接	Assembly
读长	Reads
基因片段	Fragments
覆盖度	Coverage
碱基质量值	Quality
单向/单端测序	Single-Read Sequencing
双向/双端测序	Paired-End Sequencing
基因组注释	Genome annotation
比较基因组学	Comparative Genomics
表观遗传学	Epigenetics
目标区域测序	Target Region Sequenceing, TRS

四、名词解释

1. 高通量测序

高通量测序技术是对传统 Sanger 测序（称为一代测序技术）的革新，一次可对几十万到几百万条核酸分子进行序列测定，因此在有些文献中称其为下一代测序技术（next generation sequencing，NGS），同时高通量测序使得对一个物种的转录组和基因组进行细致全貌的分析成为可能，所以又被称为深度测序（Deep sequencing）。

2. *de novo* 测序

de novo 测序也称为从头测序，其不需要任何现有的序列资料就可以对某个物种进行测序，利用生物信息学分析手段对序列进行拼接、组装，从而获得该物种的基因组图谱。

3. 重测序

重测序是全基因组重新测序的简称，是指对已知基因组序列的物种进行不同个体的基因组测序，并在此基础上对个体或群体进行差异性分析。

4. 测序深度

测序深度是指测序得到的总碱基数与待测基因组大小的比值。假设一个基因大小为2M，测序深度为10X，那么获得的总数据量为20M。

5. 覆盖度

覆盖度是指测序获得的序列占整个基因组的比例。由于基因组中的高 GC、重复序列等复杂结构的存在，测序最终拼接、组装获得的序列往往无法覆盖所有的区域，这部分没有获得的区域就称为 Gap。例如一个细菌基因组测序，覆盖度是 98%，那么还有 2%的序列区域是没有通过测序获得的。

6. 测序片段 Reads

高通量平台产生的含有碱基序列和质量值的序列片段，是测序的最小单位。

7. 测序平均长度

测序仪器单次测序能达到的平均读长。

8. Conting

拼接软件基于 reads 之间的重叠（Overlap）区，拼接获得的序列称为 Contig（重叠群）。

9. Scaffold

基因组 *de novo* 测序，通过 reads 拼接获得 Contigs 后，往往还需要构建 454 Paired-end 库或 Illumina Matepair 库，以获得一定大小片段（如 3kb、6kb、10kb、20kb）两端的序列。基于这些序列，可以确定一些 Contigs 之间的顺序关系，这些先后顺序已知的 Contigs 组成 Scaffold。

10. 接头序列 Adapter

接头序列（Adapter）不是一段特定的序列，一般是 Index＋引物＋P7/P5，总称为 Adapter。

11. 碱基识别

碱基识别（Base calling）是指测序过程中把荧光信号或其他由测序反应而产生的信号转换成序列信息的过程。

12. 序列比对

序列比对是比较两个或两个以上核苷酸序列间相似性的过程。

13. 组装/拼接

组装/拼接，即在没有参考序列的情况下进行序列拼接，对未知基因组或转录组序列进行测序，利用生物信息学分析手段，对序列进行拼接、组装，从而获得其基因组或者转录组本。

14. E 期望值（E-value）

在随机的情况下，其他序列与目标序列相似度要大于这条显示的序列的可能性。

15. 基因组注释（Genome annotation）

利用生物信息学方法和工具，对基因组所有基因的生物学功能进行高通量注释，是当前功能基因组学（Functional genomics）研究的一个热点。基因组注释的研究内容包括基因识别和基因功能注释两个方面。基因识别的核心是确定全基因组序列中所有基因的确切位置。

16. RPKM（Fragments Per Kilobase of transcript per Millionfragments mapped）

RPKM，Reads Per Kilobases per Millionreads，代表每百万 reads 中来自于某基因每千碱基长度的 reads 数，用于表示基因的表达量。

17. 基因组

它是指一个物种的单倍体的染色体数目，又称染色体组。它包含了该物种自身的所有基因。

18. 基因组学

它是指对所有基因进行基因组作图（包括遗传图谱、物理图谱、转录图谱）、核酸序列测定、基因定位和基因功能分析的科学。基因组学包括结构基因组学（Structural genomics）、功能基因组学（Functional genomics）、比较基因组学（Comparative genomics）。

19. 目标区域测序

它是针对研究者感兴趣的基因组序列，通过定制目标区域的探针，与基因组 DNA 进行杂交，将目标区域 DNA 富集后进行高通量测序的技术手段。目标区域测序可以进行更大样本量的测序，可以用于发现和验证疾病相关位点或候选基因，广泛应用于临床诊断和药物研究。

20. 核酸

一种生物大分子，由核苷酸单元组成，是生物体内存储和传递遗传信息的重要分子。核酸分为脱氧核糖核酸（DNA）和核糖核酸（RNA）两种类型，其中 DNA 是双链结构，RNA 是单链结构。DNA 携带着生物体的遗传信息，RNA 则在细胞内参与蛋白质的合成。

21. 脱氧核糖核酸

脱氧核糖核酸（Deoxyribonucleic Acid，DNA）的缩写，是一种双链结构的生物大分子，由核苷酸单元组成。DNA 是生物体内存储遗传信息的分子，它携带着生物体的遗传信息，控制着生物体的生长、发育和功能。

22. 核糖核酸

核糖核酸（Ribonucleic Acid，RNA）的缩写，是一种单链结构的生物大分子，由核苷酸单元组成。RNA 在细胞内参与蛋白质的合成，是生物体内的重要分子之一。

23. 基因

遗传物质的最小功能单位，是指能够编码蛋白质或 RNA 分子的 DNA 序列。

24. 碱基

合成核苷/核苷酸和核酸的基本组成单位，其组成元素中含有氮，也称为“含氮碱基”。在 DNA 和 RNA 中，有四种碱基，分别是腺嘌呤（A）、鸟嘌呤（G）、胸腺嘧啶（T，仅存在于 DNA 中）和尿嘧啶（U，仅存在于 RNA 中）和胞嘧啶（C）。

25. 外显子

基因组中直接参与蛋白质编码的 DNA 区域，是基因组中的一个重要部分。

26. 密码子

编码氨基酸的 mRNA 的一个三核苷酸成分，mRNA 转译时从 5′→3′方向阅读密码，密码通过 tRNA 上的三个互补的碱基序列（反密码子）依次编码氨基酸。

27. 互补碱基

由氢键连接形成 DNA 双倍体或 RNA 异双倍体。

28. 拷贝数变异 CNV

拷贝数变异（Copy Number Variation，CNV）的缩写，是指基因组中的一种常见变异形式，即某一段 DNA 序列的拷贝数发生改变。CNV 可以涉及数千个碱基对到数百万个碱基对不等的DNA片段。

29. 结构变异SV

结构变异（Structural Variation）的缩写，是指基因组中的一种常见变异形式，即DNA序列的结构发生改变。SV可以涉及数千个碱基对到数百万个碱基对不等的DNA片段，包括插入、缺失、倒位、转座和复制等事件。

30. 融合基因

融合基因是指由两个或多个不同基因的融合而形成的新基因。融合基因的形成可以通过染色体易位、倒位、重复等基因重组事件实现。融合基因的表达产物为融合蛋白。

31. 单端测序

单端测序（Single-end/SE），是将DNA样本进行片段化处理形成200～500p的片段，引物序列连接到DNA片段的一端，然后末端加上接头，将片段固定在flowcell上生成DNA簇，上机测序单端读取序列的过程。

32. 双端测序

双端测序Paired-end（PE）指在构建待测DNA文库时在两端的接头上都加上测序引物结合位点，在第一轮测序完成后，去除第一轮测序的模板链，用对读测序模块引导互补链在原位置再生和扩增，以达到第二轮测序所用的模板量，进行第二轮互补链的合成测序。

33. Mate-pair（MP）

文库制备旨在生成一些短的DNA片段，这些片段包含基因组中较大跨度（2-10k）片段两端的序列，更具体地说：首先将基因组DNA随机打断到特定大小（2-10k范围可选）；然后经末端修复，生物素标记和环化等实验步骤后，再把环化后的DNA分子打断成400～600p的片段并通过带有链亲和霉素的磁珠把那些带有生物素标记的片段捕获。这些捕获的片段再经末端修饰和加上特定接头后建成mate-pair文库，然后上机测序。

34. cDNA

cDNA指互补DNA（Complementary DNA），是一种以RNA为模板经过逆转录生成的DNA。在分子生物学和生物技术中，cDNA经常被用于克隆和表达目的基因，以及用于基因组测序和基因表达分析等研究。与天然DNA不同，cDNA没有内含子、启动子、终止子等非编码序列，因此在进行基因克隆和表达时更加方便。cDNA也可以克服基因组中重复序列和非编码序列的干扰，提高基因表达的效率和准确性。

35. 末端修复

末端修复指的是使用末端修复酶，将DNA片段的末端进行修复，使其达到末端平齐的状态。这个步骤是为了避免DNA片段在连接过程中出现突出或不对称的情况，从而提高连接效率和成功率。

36. 加A尾

加A尾指的是在DNA片段的3′端添加一段A尾，这个步骤是为了便于后续的连接反应。因为大多数DNA连接酶只能识别和连接具有相同末端序列的DNA片段，而加A尾可以将不同的DNA片段连接在一起，从而构建高效的DNA文库。

37. 超声打断和酶切打断

两种常见的打断DNA的方法，它们在原理和应用上存在一些差异。超声打断主要是利用超声波产生的剪切力来将 DNA 片段化。常用的超声波打断仪分为接触式和非接触式，其中接触式打断仪价格较低，但需要将超声波探头插入样本中进行打断，容易造成打断不均匀，样本损失以及交叉污染等问题。非接触式打断仪不需要将探头插入样品中，因此可以有效地避免上述问题，但非接触打断仪价格较贵。超声打断会使得 DNA 的末端产生寡核苷酸突出，这些末端突出需要通过末端修复过程将其补平，之后才能进行加 A 和加接头等后续步骤。酶切法打断是利用片段化酶对基因组 DNA 进行随机打断。用于 DNA 打断的片段化酶并不识别特异的酶切位点，而是对 DNA 进行随机地、非特异地切割。酶切法打断不需要专门的超声波打断仪，也不需要使用打断管等耗材，因此酶切法打断能够显著降低实验门槛和成本。

38. Splint Oligo

它是一种特殊的寡核苷酸，通常用于 DNA 建库中，在 DNA 片段连接过程中起到辅助的作用。它可以通过连接两个或多个 DNA 片段来增强这些片段的稳定性。

39. 纯化

纯化是指将 DNA 片段进行提纯，去除杂质和未被扩增的 DNA 片段。

40. 消化

消化是指将提取出的 DNA 通过酶切技术切割成小片段的过程。

41. 链置换（DNA 链置换反应）

链置换是利用 DNA 分子杂交的自由能差异，以一条单链序列将另一条单链从杂交 DNA 双螺旋结构中取代下来用于后续反应，具有精确的序列正交性。

42. PCR 扩增的错误指数积累

它是由于 PCR 过程中存在的误差传递和累积效应导致的。在 PCR 扩增过程中，每个循环都会产生一些错误，这些错误会随着循环次数的增加而逐渐积累，最终导致 PCR 产物的错误率增加。PCR 错误指数积累的原因主要包括：（1）酶的错误率：PCR 扩增过程中需要使用 DNA 聚合酶，而 DNA 聚合酶本身也存在错误率，这会导致复制过程中出现一些错误。（2）引物错配：由于引物与模板 DNA 的结合不是完全准确的，因此在 PCR 过程中可能会出现引物错配的情况，这也会导致错误率的增加。（3）DNA 模板的复杂性：对于一些复杂的 DNA 模板，由于其序列的复杂性，PCR 过程中更容易出现错误。（4）温度和时间的影响：PCR 扩增过程中的温度和时间设置也会影响错误率。例如，如果退火时间过长或温度过低，会导致非特异性结合增加，进而增加错误率。

43. Indel

它是“插入/删除突变”（Insertion/deletion mutation）的简称，指的是一条染色体中添加或减少一小段片段的基因序列变化。它是基因组突变的一种，伴随着一段基因或碱基链的比较大的变化，因而可能会影响到整个基因的结构和功能，引起生物遗传的有效性变化。因此，Indel 的检测对于诊断基因缺失或变异，以及为家族带来疾病的传递等具有重要意义。

44. 荧光探针

荧光探针通常是一种具有特定荧光特性的分子，用于检测和分析生物样品中的目标分子。它们通常附着在目标分子上，作为荧光显微镜分析的标记。荧光探针的设计和合成是基于荧光基团的性质和功能，以实现特异性和敏感的检测。荧光探针具有吸收特定波长的光并发射不同波长的光的特性，使其在紫外-可见-近红外区具有特征荧光。其荧光性质（激发和发射波长、强度、寿命、偏振等）可随所处环境的性质，如极性、折射率、粘度等改变而灵敏地改变。每个荧光探针都有不同的特征，可用于确定应用或实验系统的荧光团。

45. 荧光基团

荧光基团是一种具有特定共轭系统的分子，可以吸收光能并发生内部跃迁，释放出荧光。荧光基团通常被用作生物分子标记物，如蛋白质、核酸和糖类等。它们可以附着在目标分子上，通过激发和发射不同波长的光来反映目标分子的性质和状态。荧光基团的选择和使用取决于特定的实验需求和目标分析物的性质。

46. Phred-33

Phred-33 是一种碱基质量值 Q 值和 ASCII 码之间的转换关系，是 DNA 测序中常用的质量值体系。Phred-33 是根据 Phred 软件计算出来的碱基质量值，用于评估测序数据的质量和准确性。Phred-33 的质量值 Q 值定义为-10log10p，其中 p 是碱基被识别错误的概率。Phred-33 通常用于将原始测序数据转换为 Phred-64 质量值体系，以便更好地进行基因组组装和变异检测。

47. 标签跳跃

标签跳跃是指在基因测序过程中，由于某些原因导致样本标签的交换，从而使得原本应该分配给不同样本的测序数据错误地分配给其他样本。这可能会导致实验结果的误导和不准确。标签跳跃的原因可能包括文库片段的部分与另一个纳米孔中的片段退火而引发的嵌合分子形成，或者长链 cDNA 序列的多样性低等。

48. SNP

SNP 是 Single Nucleotide Polymorphism 的缩写，意为单核苷酸多态性，是指在基因组水平上由单个核苷酸的变异所引起的 DNA 序列多态性。它是人类可遗传变异中最常见的一种，占所有已知多态性的 90%以上。SNP 在人类基因组中广泛存在，平均每 500～1000 个碱基对中就有 1 个，估计其总数可达 300 万个甚至更多。

49. SNV

SNV 是单核苷酸位点变异（Single nucleotide variants），相对于正常组织，癌症中特异的单核苷酸变异是一种体细胞突变（Somatic mutation），称作 SNV。

50. 泛基因组

泛基因组指整个物种基因/基因组序列的非冗余集合，包含存在于该物种几乎所有个体中的核心基因组（Core genome）和仅在部分个体中存在的可变基因组（Accessory/variable/dispensable genome）。广义的泛基因组是一个捕获了物种全部遗传信息的集合。

51. BSA 测序

BSA（Bulked Sergeant Analysis），即分离体分组混合分析法，也称为集群分离分析法或混合分组分析法，是从近等基因系分析法演变而来的。近等基因系（NIL）指一组遗传背景相同或相近，只在个别染色体区段上存在差异的株系。BSA 法克服了许多作物没有或难以创建 NIL 的限制，其原理是从一个分离群体中选择目标性状表型极端的 10～20 个单株，混合构建 2 个 DNA“池”，这两个池应在感兴趣的性状方面存在差异，除了感兴趣基因所在的位点外，所有的位点均随机化。换句话说，两个 DNA 池间的差异相当于两近等基因系基因组之间的差异，仅在目标区域不同，而整个遗传背景是相同的。对两个池筛选标记，多态性标记可能表示与感兴趣的某个基因或QTL连锁。在检测两个DNA池之间的多态性时，通常应以双亲的DNA作对照，以利于对实验结果的正确分析和判断。

52. 外显子组测序

它是指利用序列捕获技术将全基因组外显子区域DNA捕捉并富集后进行高通量测序的基因组分析方法。外显子组测序相对于基因组重测序成本较低，对研究已知基因的SNP、Indel等具有较大的优势，但无法研究基因组结构变异，如染色体断裂重组等。

53. 宏基因组测序

宏基因组测序（Metagenomics Sequencing）是通过高通量测序研究特定环境下的微生物群体基因组，分析微生物多样性、种群结构、基因功能、代谢网络和进化关系等，并可进一步探究微生物群体功能活性、相互协调作用关系及与环境之间的关系。宏基因组测序研究摆脱了微生物分离纯培养的限制，扩展了微生物资源的利用空间，为环境微生物群落的研究提供了有效工具。

54. 单细胞测序

在单个细胞水平上，对基因组、转录组及表观基因组水平进行测序分析的技术。传统的测序，是在多细胞基础上进行的，实际上得到的是一堆细胞中信号的均值，丢失了细胞异质性（细胞之间的差异）的信息。单细胞测序技术能够检出混杂样品测序所无法得到的异质性信息。

55. CNV

CNV即拷贝数变异（Copy number variation，CNV），是基因组变异的一种形式。拷贝数变异是由基因组发生重排而导致的，一般指长度为1kb以上的基因组大片段的拷贝数增加或者减少，主要表现为亚显微水平的缺失和重复，是人类疾病的重要致病因素之一。

56. 参考序列

参考序列是指已公开发表的某物种的供参考的全基因组序列，用来供同种物种的不同或相同个体测序后，与之进行比较分析，找出相互间存在的差异。参考序列上存在少部分N区域，即尚不清楚碱基序列的区域。

57. 插入片段长度

双末端测序中，从模板链测序的测序片段左端到互补链测序的测序片段右端的距离。

58. 标签

标签（Barcode/index），是测序片段的ID，保证一个序列编号对应一段序列片段或对应一个测序文库，具有唯一性。在NGS中，同时测多个样本时，给来自不同样本的序列分别添加一段不同的碱基序列，作为区分用的标签。

59. 碱基识别

测序过程中把荧光信号或其他由测序反应而产生的信号转换成序列信息的过程。

60. GC含量

测序片段碱基中G（鸟嘌呤）和C（胞嘧啶）所占的百分比。

61. 数据过滤

数据过滤（Data filtering），是根据不同的数据过滤参数，对测序片段（Reads）进行过滤，去除未达到过滤参数要求的测序片段。通常会过滤掉低质量，读N碱基和接头污染的测序片段。

62. 有效测序碱基数

有效测序碱基数（Effective sequencing base），测序片段经过数据过滤后，剩余的可以比对到目标基因组上的测序片段的碱基总数即为有效测序碱基数，又简称有效数据量。

63. 基因组比对率

基因组比对率（Mapping reads rate），数据过滤后的 Reads 与目标参考基因组比对，匹配的 Reads 占过滤后的 Reads 的百分比。

64. 碱基错配

碱基错配（Base mismatch），是测序序列与参考基因组比对过程出现的非遵循碱基配对原则的测序碱基。如腺嘌呤（A）与胞嘧啶（C）或鸟嘌呤（G）配对，或胸腺嘧啶（T）与鸟嘌呤（G）或胞嘧啶（C）配对。

五、知识点数字资源

章节	资源名称	资源类型	资源二维码
第一章	核酸提取原理	视频	
	DNA 片段化	视频	
	DNA 片段筛选及末端修复	视频	
第二章	MGISP-100 整机介绍	视频	
	MGISP-100 电控系统	视频	

续表

章节	资源名称	资源类型	资源二维码
第二章	MGISP-100 软件介绍	视频	
第三章	MGISP-100 安装指南	视频	
	MGISP-100 调试指南	视频	
第四章	MGISP-100 安装调试讲解	视频	
	MGISP-100 安装调试工具介绍	视频	
	MGISP-100 安装操作	视频	
	MGISP-100 接线操作	视频	
	MGISP-100 POS2 位置调节	视频	

续表

章节	资源名称	资源类型	资源二维码
第四章	MGISP-100 POS1 位置调节	视频	
	MGISP-100 POS3 位置调节	视频	
	MGISP-100 POS4 位置调节	视频	
	MGISP-100 POS5 位置调节	视频	
	MGISP-100 POS6 位置调节	视频	
	MGISP-100 POS7 位置调节	视频	
	MGISP-100 POS8 位置调节	视频	
	MGISP-100 POS9 位置调节	视频	

续表

章节	资源名称	资源类型	资源二维码
第四章	MGISP-100 POS10 位置调节	视频	
	磁力架位置调整	视频	
	IO 板测试	视频	
	PCR 测试	视频	
	温控模块测试	视频	
	移液器气密性测试	视频	

参考文献

[1] 辛海燕．自动控制理论［M］．南京：东南大学出版社，2018.

[2] 王金亭．生物化学［M］．北京：北京理工大学出版社，2017.